Krause/Krause

Klausurentraining Weiterbildung

Kosten- und Leistungsrechnung

W0046449

umweltfreundlich

... weil auf chlor- und säurefrei
gefertigtem Papier gedruckt

Sie finden uns im Internet unter: www.kiehl.de

www.kiehl.de

Klausurentraining Weiterbildung
für Betriebswirte, Fachwirte, Fachkaufleute und Meister

Kosten- und Leistungsrechnung

Klausurtypische Aufgaben und Lösungen

Von

Dipl.-Sozialwirt Günter Krause und

Dipl.-Soziologin Bärbel Krause

ISBN 978-3-470-**63541**-7

© NWB Verlag GmbH & Co. KG, Herne 2011

Kiehl ist eine Marke des NWB Verlags.

Satz: Griebsch & Rochol Druck GmbH & Co. KG, Hamm
Druck: Stückle Druck und Verlag, Ettenheim

Klausurentraining Weiterbildung

für Betriebswirte, Fachwirte, Fachkaufleute und Meister

Unsere Reihe *Klausurentraining* ist aus der Überlegung entstanden, dass sich sehr viele Absolventen von IHK-Weiterbildungslehrgängen gezielt auf ein spezielles Prüfungsthema (Handlungsbereich) vorbereiten möchten, um dort ihre Fähigkeiten in der Wissensanwendung zu vervollständigen.

Betrachtet man die inhaltlichen Schwerpunkte der Klausuren in den IHK-Abschlussprüfungen, so ergibt sich eine große Schnittmenge der Anforderungen: Beispielsweise fehlt in keiner Abschlussklausur im Fachgebiet *Kosten- und Leistungsrechnung* die Kalkulation, die Break-even-Analyse sowie die Kritische-Werte-Rechnung.

Daher enthält jeder Band dieser Reihe *klausurtypische Aufgaben* zu dem betreffenden Fachgebiet, die dem Niveau der IHK-Prüfungen in Umfang und Schwierigkeitsgrad entsprechen. Dabei wurde die Aufgabensammlung fachspezifisch gegliedert und jede Aufgabe mit einer Überschrift gekennzeichnet. Dies soll das spätere *Erkennen des Aufgabentyps in der Klausur unter Echtbedingungen* erleichtern. Einige Themen, Aufgaben und Lösungen haben einen höheren Schwierigkeitsgrad. Sie sind gekennzeichnet (***) und richten sich vorrangig an angehende Betriebswirte und Bilanzbuchhalter.

Der Lösungsteil ist ausführlich und verständlich gestaltet, sodass sich der Leser/die Leserin selbstständig in der *Umsetzung des erlernten Wissens trainieren* und *kontrollieren* kann. Eine Sammlung von Formeln und Begriffen am Schluss des Buches unterstützt die Bearbeitung der Aufgaben. Das umfangreiche Stichwortverzeichnis ermöglicht das gezielte Auffinden von Begriffen und Zusammenhängen.

Diese Fachbuchreihe richtet sich an:

- Teilnehmer von IHK-Weiterbildungslehrgängen (angehende Betriebswirte, Fachwirte, Fachkaufleute, Bilanzbuchhalter und Meister)
- Studierende an Fachschulen und Fachhochschulen.

Charakteristische Merkmale für jeden Band dieser Fachbuchreihe sind:
- Mehr als 100 Prüfungsaufgaben orientiert am Niveau der IHK-Weiterbildungslehrgänge
- fachspezifische Gliederung der Aufgaben
- Aufgabenstellungen mit thematischen Überschriften
- ausführliche, verständliche Darstellung der Lösungen
- Zusammenstellung der Formeln und Begriffen
- umfangreiches Stichwortverzeichnis

Neustrelitz, im Juli 2011   *Diplom-Sozialwirt Günter Krause*
Diplom- Soziologin Bärbel Krause

Vorwort

Der Kostendruck, dem die Unternehmen ausgesetzt sind, hat vor dem Hintergrund globalisierter Märkte nicht nachgelassen. Dies bedingt, dass die Aufgaben und Verfahren der Kosten- und Leistungsrechnung an Bedeutung weiterhin zugenommen haben.

Die Kosten- und Leistungsrechnung (KLR) hat traditionell folgende Ziele und Aufgaben:

- Sie dient der Ermittlung der *Selbstkosten*; diese werden für die einzelne Rechnungsperiode und für eine einzelne hergestellte Leistungseinheit ermittelt.

- Die Kosten- und Leistungsrechnung ist Basis für die Ermittlung der *Angebotspreise* (Kalkulation).

- Weiterhin dient die Kosten- und Leistungsrechnung der Berechnung der *absoluten und relativen Deckungsbeiträge* (einer einzelnen Periode oder des Einzelproduktes). Der Deckungsbeitrag ist die Differenz zwischen dem Verkaufspreis am Markt und den variablen Kosten. Dieser Wert dient der *kurzfristigen Produktionsentscheidung* und ist Orientierungsbasis für die *kurzfristige Verkaufspreisuntergrenze*.

- Daneben ermöglicht die Kosten- und Leistungsrechnung die Kontrolle der *Wirtschaftlichkeit* und der *Rentabilität* des Betriebes.

- Außerdem hilft sie bei der steuer- und handelsrechtlichen *Bewertung von Vermögensteilen und Schulden* in der Bilanz, d.h., sie unterstützt die Buchführung.

Gegenstand dieses Fachbuches ist die Kosten- und Leistungsrechnung als Grundlage für Managemententscheidungen. In mehr als 100 klausurtypischen Aufgabenstellungen und Lösungen wird die Kosten- und Leistungsrechnung als Steuerungsinstrument betrieblicher Entscheidungen behandelt.

Wir wünschen unseren Lesern und Leserinnen den notwendigen Anwendungserfolg bei der Bearbeitung der Aufgaben sowie in der (späteren) IHK-Klausur.

Neustrelitz, im Juli 2011

Diplom-Sozialwirt Günter Krause
Diplom-Soziologin Bärbel Krause

Inhaltsverzeichnis

Aufgaben

Lösungen

Aufgaben

1 Grundlagen

01. Aufgaben der Kosten- und Leistungsrechnung

Welche Aufgaben (Funktionen) erfüllt die Kosten- und Leistungsrechnung (KLR)?

02. Abgrenzungsrechnung, Grundbegriffe

Welche Grundbegriffe der Kosten- und Leistungsrechnung muss man unterscheiden, um die Abgrenzungsrechnung vornehmen zu können?

03. Auszahlungen, Ausgaben, Aufwendungen und Kosten

Welche Unterschiede und Gemeinsamkeiten gibt es zwischen Auszahlungen, Ausgaben, Aufwendungen und Kosten?

Geben Sie einen Überblick und ordnen Sie die Vorgänge 1 bis 6 entsprechend zu.

Vorgänge (1) bis (6):

(1) Tilgung einer Verbindlichkeit aus der Vorperiode

(2) Kauf von Rohstoffen, die in der Rechnungsperiode nicht verbraucht werden.

(3) Spenden

(4) Kauf von Gütern auf Ziel

(5) Abschreibung von Betriebsmitteln, die in der Vorperiode beschafft wurden.

(6) Zusatzkosten, z. B. kalkulatorischer Unternehmerlohn

04. Einzahlungen, Einnahmen, Erträge und Leistungen

Welche Unterschiede und Gemeinsamkeiten gibt es zwischen Einzahlungen, Einnahmen, Erträgen und Leistungen?

Geben Sie einen Überblick und ordnen Sie die Vorgänge 1 bis 6 entsprechend zu.

Vorgänge (1) bis (6):

(1) Bezahlung einer Kundenrechnung aus der Vorperiode

(2) Verkauf von Produkten aus der Vorperiode zu Herstellungskosten

(3) Betriebsfremde Erträge, z. B. Mieterträge aus einem nicht betriebsnotwendigen Gebäude

(4) Verkauf von Gütern auf Ziel

(5) Bestandserhöhung an Erzeugnissen

(6) Erhöhung des originären Firmenwertes

05. Abgrenzungsrechnung

Beschreiben Sie, wie die Abgrenzungsrechnung vorzunehmen ist.

2 Kostenartenrechnung

01. Kostenarten

Ordnen Sie in der nachfolgenden Tabelle die richtige Kostenart zu (Ankreuzen; X).

	Kostenart	Einzel-kosten	Gemein-kosten	Sonder-einzelkos-ten der Fertigung	Sonder-einzelkos-ten des Vertriebs
1	Mietkosten für ein Ladengeschäft				
2	Transportversicherung für den Auftrag 0118-66				
3	Lizenzgebühren für Bauteil 5518				
4	Honorar an den Steuerberater				
5	Monteurlohn für Auftrag 2955-67				
6	Abschreibungskosten für Maschine DN 4				
7	Betriebsstoffkosten für Mai 20..				
8	Rohstoffkosten für Mai 20..				
9	Hilfsstoffkosten für Mai 20..				
10	Lohnkosten für allgemeine Gewährleistungsarbeiten				

02. Wagniskosten-Zuschlag

Aufgrund von Schwund, Diebstahl und anderen Ursachen ist bei den Lagervorräten in der Vergangenheit ein Ausfall von 35.000 € entstanden. Der Wareneinsatz betrug während dieser Zeit 2,5 Mio. €.

a) Berechnen Sie den Beständewagniskostenzuschlag.

b) Bescheiben Sie, welche Konsequenz dieses Ergebnis für die Kalkulation hat.

03. Kostenstrukturkennzahlen

Stellen Sie anhand der nachfolgenden Angaben die Struktur der Materialkosten sowie das Verhältnis der Gemeinkosten zu den Einzelkosten dar.

Kostenart	€	Einzelkosten (EK)	Gemeinkosten (GK)
Materialkosten	80.000		
- Rohstoffe	70.000	X	
- Hilfsstoffe	8.000		X
- Betriebsstoffe	2.000		X

04. Verfahren der Kostenrechnung (Vergleich)

Erläutern Sie in einer vergleichenden Darstellung folgende Verfahren der Kostenrechnung:

- Istkostenrechnung
- Normalkostenrechnung
  - Plankostenrechnung
  - Teilkostenrechnung

3 Kostenstellenrechnung

01. BAB, Kostenumlage, Zuschlagssätze, Selbstkosten

Der nachfolgende Betriebsabrechnungsbogen der Metallbau GmbH aus dem Monat Juni soll um die fehlenden Angaben ergänzt werden.

Erweiterter, mehrstufiger BAB			Metallbau GmbH				Monat:	Juni
Schlüssel 1	cbm		1.400	2.400	1.600	400	2.000	400
Schlüssel 2	Verhältnis			2	1			
Kosten-stellen	Summen	Allgem. Kosten-stelle	Material	Fertigung I	Fertigung II	Fertig.-hilfs-stelle	Verwal-tung	Vertrieb
vorläufige Werte	351.000	18.000	8.000	130.000	65.000	25.000	45.000	60.000
Umlage-schlüssel 1								
Zwischen-summen	351.000							
Umlage-schlüssel 2								
Endsummen	351.000							
Zuschlags-grundlagen			80.000	350.000	110.000			
Ist-Zuschlags-sätze								

a) Legen Sie die Kosten der Allgemeinen Kostenstelle und der Fertigungshilfsstelle um.

b) Ermitteln Sie die Zuschlagssätze (keine Bestandsveranderungen, keine aktivierten Eigenleistungen).

c) Ermitteln Sie unter Verwendung der Zuschlagssätze aus Fragestellung b) die Selbstkosten für einen Auftrag, bei dem 300,00 € Materialeinzelkosten, 800,00 € Fertigungslöhne für Stufe I, 300,00 € Fertigungslöhne für Stufe II, 100,00 € Sondereinzelkosten der Fertigung sowie 85,15 € Sondereinzelkosten des Vertriebs anfallen.

02. Innerbetriebliche Leistungsverrechnung

Die Kostenstellen eines Fertigungsbereichs gliedern sich in die Hilfskostenstellen Arbeitsvorbereitung (H1) und Qualitätskontrolle (H2) sowie in die Hauptkostenstelle Endmontage (H3). Die nachfolgende Tabelle zeigt die Leistungsbeziehungen in Stunden und die primären Stellenkosten der Hilfskostenstellen (K_j) für den Monat Juni:

von an → ↓	H1	H2	H3	Primäre Stellen- kosten K_j	davon fix
Arbeitsvorbereitung H1	50 Std.	60 Std.	100 Std.	40.000 €	20.000 €
Qualitätskontrolle H2	80 Std.	20 Std.	100 Std.	40.200 €	10.200 €

Ermitteln Sie den innerbetrieblichen Verrechnungspreis für die Leistungen der Hilfskostenstellen

a) nach dem Gleichungsverfahren,

b) nach dem Anbauverfahren auf Teilkostenbasis sowie

c) nach dem Stufenleiterverfahren auf Teilkostenbasis.

03. Variator

Für eine Kostenstelle liegen folgende Angaben vor:

	Kostenart	Plankosten (€/Mon.)	fixe Plankosten (€/Mon.)
1	Fertigungslöhne	10.000	0
2	Hilfslöhne	1.500	900
3	Gehälter	2.500	2.000
4	Reinigungsmaterial	500	50
5	Treibstoffe	8.200	0
6	Werkzeuge	400	80
7	Raumkosten	1.000	1.000
8	Kalkulatorische Zinsen	2.400	2.400
9	Reparaturen	2.200	660
10	Summe	28.700	7.090

a) Stellen Sie dar, wie die Größe „Variator" berechnet wird und erläutern Sie die Aussagekraft dieser Kennzahl.

b) Berechnen Sie den Variatorwert für die Kostenarten 1, 6 und 8 und erläutern Sie das Ergebnis Ihrer Berechnung.

04. Kostenauflösung, Reagibilitätsgrad

Die Beschäftigung wird von 1.000 auf 1.400 Stück erhöht (40 %); die Gesamtkosten steigen daraufhin von 40.000 auf 44.000 € (10 %):

Ermitteln Sie die Struktur der Gesamtkosten

a) mithilfe der buchtechnisch-statistischen Methode (Reagibilitätsgrad),

b) mithilfe der mathematischen Methode (Differenzenquotient).

05. Einfacher BAB, Aufteilung der Gemeinkosten

In einer Rechnungsperiode liefert die KLR nachfolgende Gemeinkosten, die entsprechend den angegebenen Schlüsseln zu verteilen sind; es existieren vier Hauptkostenstellen: Material, Fertigung, Verwaltung und Vertrieb:

Gemeinkosten	Betrag in €	Verteilungsschlüssel
Gemeinkostenmaterial	9.600	3 : 6 : 2 : 1
Hilfslöhne	36.000	2 : 14 : 5 : 3
Sozialkosten	6.600	1 : 3 : 1,5 : 0,5
Steuern	23.100	1 : 3 : 5 : 2
Sonstige Kosten	7.000	2 : 4 : 5 : 3
Abschreibung (AfA)	8.400	2 : 12 : 6 : 1

06. Mehrstufiger BAB, Aufteilung der Gemeinkosten

In einer Rechnungsperiode liefert die KLR nachfolgende Gemeinkosten, die entsprechend den angegebenen Schlüsseln zu verteilen sind; es existieren die Kostenstellen: Allgemeine Kostenstelle, Materialstelle, Fertigungshilfsstelle, Fertigungsstelle A und B, Verwaltungsstelle und Vertriebsstelle. Die Umlage der Allgemeinen Kostenstelle ist nach dem Schlüssel 6 : 15 : 10 : 8 : 6 : 5 durchzuführen; die Fertigungshilfskostenstelle ist auf die Fertigungsstellen A und B im Verhältnis 6 : 4 zu verteilen.

Gemeinkosten	€	Verteilungsschlüssel
Gemeinkostenmaterial (GKM)	50.000	1 : 3 : 8 : 4 : 0 : 0 : 0
Gehälter	200.000	2 : 4 : 3 : 3 : 2 : 8 : 3
Sozialkosten	45.000	2 : 4 : 3 : 3 : 2 : 8 : 3
Steuern	60.000	1 : 2 : 3 : 2 : 1 : 2 : 1
Abschreibung (AfA)	160.000	2 : 4 : 6 : 7 : 2 : 3 : 1

07. Kostenauflösung

In der Kostenstelle Fräserei fallen in den Monaten März und April folgende Gemeinkostenlöhne an:

Monate	Gemeinkostenlöhne (€/Monat)	Fertigungsstunden (h/Monat)
März	15.000	290
April	20.000	540

a) Ermitteln Sie rechnerisch die Fixkosten und die variablen Stückkosten.

b) Wie lautet die Sollkostenfunktion.

c) Stellen Sie die Lösung zu a) und b) grafisch dar.

4 Kostenträgerrechnung

4.1 Kostenträgerstückrechnung (Kalkulation)

4.1.1 Divisionskalkulation

01. Veränderung der Selbstkosten

Die Herstellkosten betrugen im Juni d. J. 400.000 €, die Vertriebs- und Verwaltungs-kosten 100.000 €. Die produzierte und abgesetzte Menge war 50.000 Einheiten (E). Im Oktober d. J. trat eine Absatzschwäche auf, sodass – unter sonst gleichen Bedingungen – 30 % der Fertigung auf Lager genommen werden musste.

Zu ermitteln ist, um wie viel sich die Selbstkosten pro Einheit (E) verändert haben.

02. Selbstkosten pro Stück

Ein Betrieb produziert im Monat Januar 1.200 Stück, von denen 1.000 verkauft werden. Die Herstellkosten betragen 240.000 €, die Vertriebs- und Verwaltungskosten 120.000 €. Ermitteln Sie die Selbstkosten pro Stück.

4.1.2 Äquivalenzziffernkalkulation

01. Einstufige Äquivalenzziffernkalkulation, Betriebsergebnis

Die Metall GmbH stellt vier Sorten Bleche her. Die hergestellte und abgesetzte Menge sowie die Erlöse je Tonne betrugen im zurückliegenden Monat:

Blechsorte	Menge (t)	Erlöse (€/t)
ST 60–01	200	300,00
ST 60–08	150	1.400,00
ST 60–05	100	1.100,00
ST 60–02	120	550,00

Die Gesamtkosten pro Monat lagen bei 358.440 €. Es sind 71.688 € Verwaltungs- und Vertriebsgemeinkosten zu berücksichtigen. Die Fertigungszeiten für das Walzen der unterschiedlichen Blechstärken betragen

- bei ST 60–02 das 2-fache,
- bei ST 60–05 das 4-fache und
- bei ST 60–08 das 6-fache

der Zeit, die für das Walzen von Sorte ST 60–01 benötigt wird.

Ermitteln Sie das Betriebsergebnis insgesamt und je Tonne für jede Blechsorte.

02. Einstufige Äquivalenzziffernkalkulation

In einer Ziegelei werden drei Sorten hergestellt. Die Gesamtkosten betragen in der Abrechnungsperiode 104.400 €. Die produzierten Mengen sind: 30.000, 15.000, 20.000 Stück. Das Verhältnis der Kosten beträgt 1 : 1,4 : 1,8. Zu ermitteln sind die Stückkosten und die Gesamtkosten je Sorte.

03. Mehrstufige Divisionskalkulation mit Äquivalenzziffern

Die Herstellkosten betragen bei einer Sortenfertigung in der ersten Produktionsstufe 999.900 € und in der zweiten Stufe 448.500 €. Weiterhin liegen folgende Daten vor:

Sorte	Äquivalenzziffer (ÄZ)		Produktionsmenge (Stück)
	Stufe I	Stufe II	
A	0,5	0,5	4.000
B	2,0	1,0	4.000
C	3,0	2,0	6.000
D	1,0	1,0	5.000

Ermitteln Sie die Herstellkosten pro Stück je Sorte.

4.1.3 Zuschlagskalkulation

01. Zuschlagskalkulation mit Maschinenstundensatz (1)

Bei der Metallbau GmbH liegen aus der zurückliegenden Periode folgende Daten aus der Kosten- und Leistungsrechnung vor (Angaben in €):

Fertigungsmaterial	650.000		
Fertigungslohn	132.480	5.520	Lohnstunden
Fertigungsgemeinkosten	2.808.576		
davon: maschinenabhängige FGK	2.649.600	22.080	Maschinenstunden
Materialgemeinkosten	97.500		
Verwaltungsgemeinkosten	74.000		

Vertriebsgemeinkosten	185.000
Bestandserhöhung/fertige Erzeugnisse	28.556
Bestandsminderung/unfertige Erzeugnisse	40.000

Für das Produkt ZK 3 gelten folgende Angaben:

Fertigungsmaterial	120,00 €
Vorgabezeit Mensch	1,20 h/Stk.
Ausführungszeit Maschine	2,50 h/Stk.

Gewinnzuschlag	15 %
Kundenskonto	2 %
Vertriebsprovision	3 %
Kundenrabatt	10 %

a) Berechnen Sie für die zurückliegende Periode alle Zuschlagssätze und die Stundensätze für Lohn und Maschine.

b) Ermitteln Sie den Angebotspreis für das Produkt ZK 3.

02. Zuschlagskalkulation mit Maschinenstundensatz (2)

Auf einer NC-Maschine werden 25 Spezialwerkzeuge hergestellt. Die Bearbeitungsdauer beträgt 15 min/Stk.; für das Rüsten werden 2 Std. benötigt. Der Materialverbrauch liegt bei 160,00 €/Stk. Der anteilige Fertigungslohn für die Bearbeitung beträgt 200,00 €. Es sind Materialgemeinkosten von 30 % und Restgemeinkosten von 120 % zu berücksichtigen. Der Maschinenstundensatz liegt bei 180 €/Std. Zu kalkulieren sind die Herstellkosten der Fertigung pro Stück.

*   Instandhaltungskosten: 6.000 € p.a.
*   Raumkosten:
    - Raumbedarf: 20 qm
    - Verrechnungssatz je qm: 10 €/qm pro Monat
*   Energiekosten:
    - Energieentnahme der NC-Maschine: 11 kWh
    - Verbrauchskosten: 0,12 €/kWh
    - Jahresgrundgebühr: 220 €
*   Werkzeugkosten: 10.000 € p.a., Festbetrag
*   Laufzeit der NC-Maschine: 1.800 Std. p.a.

03. Maschinenstundensatzberechnung

Für eine NC-Maschine existieren folgende Angaben:

*   Anschaffungskosten der NC-Maschine: 200.000 €
*   Wiederbeschaffungskosten der NC-Maschine: 240.000 €
*   Nutzungsdauer der NC-Maschine: 10 Jahre
*   kalkulatorische Abschreibung: linear
*   kalkulatorische Zinsen: 6 % vom halben Anschaffungswert

- Instandhaltungskosten: 6.000 € p. a.
- Raumkosten: 4.000 € p. a.
- Energiekosten:
  - Energieentnahme der NC-Maschine: 11 kWh
  - Verbrauchskosten: 0,12 €/kWh
  - Jahresgrundgebühr: 220 €
- Werkzeugkosten: 10.000 € p. a.,
                                                  Festbetrag
- Laufzeit der NC-Maschine: 2.000 Std. p. a.

a) Ermitteln Sie den Maschinenstundensatz.

b) Für eine weitere neue Anlage wurde ein Maschinenstundensatz von 50,00 €/Std. ermittelt. Die Laufzeit der Anlage war mit 1.600 Std. pro Jahr und die Nutzungsdauer mit 10 Jahren geplant. Für die kalkulatorische AfA (Wiederbeschaffungswert: 300.000 €) ergab sich ein Stundensatz von 18,75 €/Std.

   Um wie viel Prozent erhöht sich der Maschinenstundensatz, wenn aufgrund aktueller Erkenntnisse die Lebensdauer der Anlage auf sechs Jahre reduziert werden muss?

04. Maschinenstundensatz, Nachkalkulation

a) Für die Nachkalkulation möchte die Geschäftsleitung wissen, mit welchem Maschinenstundensatz für die neue Montageanlage gerechnet werden muss.

   Dazu liegen Ihnen folgende Angaben vor:

Anschaffungskosten der Montageanlage:	2.400.000 €
Wiederbeschaffungskosten der Montageanlage:	2.640.000 €
Nutzungsdauer:	8 Jahre (Einschichtbetrieb)
kalkulatorische Abschreibung:	linear entsprechend dem Werteverzehr
kalkulatorische Zinsen:	8 %
kalkulatorische Instandhaltungskosten:	6.000 pro Jahr bei Einschichtbetrieb
Flächenbedarf:	100 m²
kalkulatorische Miete:	12 € pro m²
Energieentnahme der Montageanlage:	11 kWh
Verbrauchskosten:	0,16 €/kWh
Jahresgrundgebühr des Energieversorgers:	800 €

   Es ist von einem Einschichtbetrieb auszugehen. Die Laufleistung der Maschine soll 1.920 h/Jahr betragen.

b) Weiterhin möchte die Geschäftsleitung wissen, um wie viel Prozent sich der Maschinenstundensatz bei einem 2-Schichtbetrieb verändert. Kommentieren Sie das Ergebnis Ihrer Berechnung.

05. Kalkulation bei Kuppelproduktion

Ein Unternehmen stellt das Produkt TOP her. Als Nebenprodukt ergibt sich bei der Herstellung von TOP das Pulver T-PLUS, das für 100 € je Kilogramm am Markt angeboten wird. Im Monat Dezember werden 10.000 kg TOP und 1.000 kg T-PLUS hergestellt. Aus der Betriebsabrechnung liegen folgende Zahlen vor (in €):

Rohstoffverbrauch	400.000
Materialgemeinkosten	40.000
Fertigungslöhne	80.000
Fertigungsgemeinkosten	60.000
Verwaltungskosten	30.000
Vertriebskosten	20.000

a) Berechnen Sie die Herstellkosten sowie die Selbstkosten für 1 kg TOP (die hergestellte Menge konnte vollständig abgesetzt werden).

b) Berechnen Sie die Selbstkosten für 1 kg TOP, wenn im Monat Dezember nur 8.000 kg verkauft werden konnten.

4.2 Kostenträgerzeitrechnung (Kurzfristige Erfolgsrechnung)

01. Ergebnisrechnung nach dem Gesamtkostenverfahren

a) Ermitteln Sie das Umsatzergebnis nach dem Gesamtkostenverfahren bei zwei Produkten und analysieren Sie das Ergebnis Ihrer Berechnung. Zu berücksichtigen sind Bestandsminderungen von 5.000 € je Produkt. Die Abrechnungsperiode hat bei Produkt 1 Nettoerlöse in Höhe von 310.000 € und bei Produkt 2 in Höhe von 140.000 € ergeben.

Sonstige Angaben:

	Produkt 1	Produkt 2
MEK	30.000	20.000
FEK	80.000	40.000
MGK, 50 %		
FGK, 120 %		
VwGK, 15 %		
VtrGK, 5 %		

b) Bearbeiten Sie die Fragestellung a) und berücksichtigen Sie dabei eine Kostenüberdeckung lt. BAB von 15.000 €.

02. Kostenträgerblatt, Kostenüber-/-unterdeckung, Umsatzergebnis, Wirtschaftlichkeit

Aus dem Betriebsabrechnungsbogen des Monats Juli erhalten Sie folgende Angaben:

	Kostenstellen			
	Material	Fertigung	Verwaltung	Vertrieb
Ist-Gemeinkosten	222.000 €	1.400.000 €	140.000 €	390.000 €
Normalzuschlagssätze	11,00 %	250,00 %	4,00 %	8,00 %

	Kostenträger		
	Produkt 1	Produkt 2	Produkt 3
Fertigungsmaterial	950.000 €	320.000 €	400.000 €
Fertigungslohn	187.000 €	105.000 €	210.000 €
Nettoverkaufserlöse	1.400.000 €	1.540.000 €	1.920.000 €
Anfangsbestand/FE (€)	50.000	63.300	67.000
Endbestand/FE (€)	90.000	20.000	187.500

a) Berechnen Sie die Kostenüber- bzw. -unterdeckung der Kostenstellen und ermitteln Sie das Umsatzergebnis auf Normalkostenbasis.

b) Ermitteln Sie die Wirtschaftlichkeit je Kostenträger auf Normalkostenbasis (Nettoverkaufserlöse bezogen auf Selbstkosten).

c) Berechnen Sie die effektive Umsatzrendite (Betriebsergebnis bezogen auf Netto-Verkaufserlöse).

03. Deckungsbeitragsrechnung als Periodenrechnung

Ein Unternehmen stellt zwei Produkte her. Ermitteln Sie das Gesamtbetriebsergebnis nach folgenden Angaben:

DBR als Periodenrechnung (Beispiel: 2-Produkt-Unternehmen)					
Produkt 1			Produkt 2		
Erlöse	$x_1 \cdot p_1$	100.000	Erlöse	$x_2 \cdot p_2$	200.000
- variable Kosten	K_{v1}	– 40.000	- variable Kosten	K_{v2}	– 120.000
- Fixkosten, gesamt	K_f	– 70.000			

5 Plankostenrechnung

5.1 Starre Plankostenrechnung

01. Starre Plankostenrechnung

Für die Kostenstelle 23031 betragen die Plankosten 50.000 € bei einer Planbeschäftigung von 5.000 Stunden. Die Istbeschäftigung lag bei 4.000 Stunden, bei Istkosten von 30.000 €.

Ermitteln Sie die Abweichung rechnerisch und grafisch.

5.2 Flexible Plankostenrechnung

01. Flexible Pankostenrechnung (1)

Für die Kostenstelle 23031 existieren nach Ablauf einer Periode folgende Werte:

Kostenstelle: 23031		Monat: ...	
		Gesamt	**Fixe Kosten**
Plan	Plankosten (in €)	300.000	100.000
	Planbeschäftigung (in Std.)	10.000	
Ist	Istkosten (in €)	250.000	
	Istbeschäftigung (in Std.)	9.000	

Ermitteln Sie rechnerisch und grafisch die Beschäftigungsabweichung, die Verbrauchsabweichung sowie die Gesamtabweichung und analysieren Sie das Ergebnis.

02. Flexible Plankostenrechnung (2)

Eine Kostenstelle weist für den Juni folgende Daten aus:

Plan			Ist	
Planfixkosten	25.000 €		Istkosten	85.000 €
Plankosten	60.000 €			
Planbeschäftigung	1.000 Std.		Istbeschäftigung	25 % über Plan

a) Ermitteln Sie rechnerisch bei flexibler Plankostenrechnung auf Vollkostenbasis die Beschäftigungsabweichung, die Verbrauchsabweichung sowie die Gesamtabweichung.

b) Kommentieren Sie das Ergebis aus a).

c) Erläutern Sie, mit welchem Kostenrechnungssystem der Nachteil der flexiblen Plankostenrechnung vermieden werden kann.

03. Abweichungsanalyse

Im Logistikzentrum der Drogeriekette Schlackmann KG wurde vor einem Jahr eine flexible Plankostenrechnung eingeführt. Für die laufende Abrechnungsperiode stehen einem Planumsatz von 30,0 Mio. € geplante Logistikkosten in Höhe von 2,5 Mio. € gegenüber (davon sind 1,0 Mio. € fixe Kosten). Am Ende der Planperiode ermittelt man einen Istumsatz von 25,0 Mio. € und Istkosten von 2,3 Mio. €.

Berechnen Sie die:

a) Sollkosten,

b) verrechneten Plankosten,

c) Beschäftigungsabweichung,

d) Verbrauchsabweichung,

e) Gesamtabweichung.

6 Teilkostenrechnung

6.1 Ein- und mehrstufige Deckungsbeitragsrechnung

01. Deckungsbeitragssatz

Ermitteln Sie aus den Angaben den Deckungsbeitragssatz vor und nach der (marktbedingten) Preissenkung:

		Situation **vor** der Preissenkung	Situation **nach** der Preissenkung
Marktpreis	p	5,00 €	4,00 €
variable Stückkosten	k_v	2,20 €	2,20 €

02. Sicherheitsgrad

Ermitteln Sie für die Produkte 1 bis 3 den Sicherheitsgrad, kommentieren Sie das Ergebnis Ihrer Rechnung und erläutern Sie allgemein die Aussagefähigkeit dieser Kennzahl.

Angaben in €		Produkt 1	Produkt 2	Produkt 3
Fixkosten	K_f	20.000	40.000	80.000
variable Kosten	K_v	50.000	60.000	90.000
Umsatz	$p \cdot x$	80.000	100.000	150.000

03. Mehrstufige Deckungsbeitragsrechnung mit mehreren Produkten

Ein Unternehmen hat drei Erzeugnisgruppen. Aus der KLR liegen folgende Angaben in Euro vor:

Angaben in €:

Bereiche	Bereich I				Bereich II	
Gruppen	Erzeugnisgruppe 1		Erzeugnisgruppe 2		Erzeugnisgruppe 3	
Produkte	Produkt 1	Produkt 2	Produkt 3	Produkt 4	Produkt 5	Produkt 6
Umsatzerlöse	30.000	28.000	8.000	31.000	64.000	52.000
variable Kosten	12.000	14.000	6.000	16.000	29.000	21.000
Erzeugnisfixkosten	8.000	9.000	4.000	11.000	21.000	10.000
Erzeugnisgruppen-fixkosten		2.000		3.000		4.000
Bereichsfixkosten			2.000			4.000
Unternehmens-fixkosten						6.000

Ermitteln Sie das Betriebsergebnis (Deckungsbeitrag V) in Prozent der Umsatzerlöse und interpretieren Sie das Ergebnis Ihrer Rechnung.

04. Betriebsergebnis im Wege der Vollkostenrechnung und der Teilkostenrechnung

Für die zurückliegende Periode weist die Kosten- und Leistungsrechnung folgende Daten aus:

Kostenart	Einheit	Produkt				
		1	2	3	4	5
Absatz	Stück	1.200	500	2.200	200	800
Einzelkosten	€/Stück	20,00	45,00	60,00	50,00	32,00
GK-Zuschlag	%	160	300	200	320	185
proportionale GK	€/Stück	20,00	40,00	25,00	40,00	12,00
Verkaufserlöse	€/Stück	80,00	170,00	185,00	80,00	125,00

a) Berechnen Sie das Betriebsergebnis je Produkt und insgesamt im Wege der Vollkostenrechnung pro Stück und pro Rechnungsperiode.

b) Bearbeiten Sie die Aufgabenstellung aus a) im Wege der Teilkostenrechnung.

c) Vergleichen Sie das Betriebsergebnis gesamt aus a) und b).

d) Stellen Sie in einem Kostenportfolio anhand Ihrer Rechnung gegenüber:
   - variable Kosten und Fixkosten
   - Einzelkosten und Gemeinkosten

6.2 Deckungsbeitragsrechnung als Entscheidungs- instrument

01. Break-even-Point, Umsatzrendite

Die Metallbau GmbH fertigt hochwertige Elektronikkomponenten. In der laufenden Periode wurden 800 Stück bei 920.000 € Kosten und in der Vorperiode 1.000 Stück bei 1.000.000 € Kosten hergestellt. Die Gesamtkostenfunktion zeigt einen linearen Verlauf. Die Kostenstruktur ist unverändert geblieben. Die Kapazitätsgrenze liegt bei 1.400 Stück. Der Nettoverkaufspreis pro Stück lag in beiden Perioden bei 1.400 €/Stück.

a) Ermitteln Sie die Menge, bei der ein Gewinn erzielt wird.

b) Die Geschäftsleitung fordert generell eine Umsatzrendite von 15 %. Berechnen Sie die Menge, bei der dieses Ziel realisiert ist.

c) Zeigen Sie in einer Kontrollrechnung, dass bei der in b) ermittelten Menge tatsächlich eine Umsatzrendite von 15 % erreicht wird.

02. Deckungsbeitragsrechnung, Preispolitik

Ihr Betrieb plant die Errichtung einer Pkw-Waschanlage für seine Kunden und will damit eine Absatzförderung erreichen. An den umliegenden Tankstellen liegt der Preis für eine Pkw-Komfortwäsche bei durchschnittlich 6,50 €.

Die Investitionssumme beläuft sich auf 230.000 €. Die Abschreibung erfolgt linear mit 12,5 % pro Jahr. Für das Bedienungspersonal hat man monatliche Kosten von 9.000 € ermittelt. An Verwaltungsgemeinkosten werden monatlich 3.000 € umgelegt. An kalkulatorischen Zinsen erfolgt ein Ansatz von 10 % der Investitionssumme. Man rechnet mit variablen Kosten pro Waschvorgang von 0,70 €. Die Waschanlage soll an 280 Tagen im Jahr geöffnet sein.

a) Wie viele Pkw-Wäschen pro Tag müssen im Kostendeckungspunkt durchschnittlich durchgeführt werden, bei einem Preis von 4,00 € pro Wäsche?

b) Zeigen Sie das Ergebnis von Aufgabenstellung a) grafisch.

c) Wie hoch ist der Deckungsbeitrag pro Pkw-Wäsche im Break-even-Point?

03. Bewertung des Produktionsprogramms auf Vollkosten- und Teilkosten- basis

Hinweis: Diese Fragestellung ist komplexer als eine tatsächlich zu erwartende Klausuraufgabe in der IHK-Prüfung. Das Fallbeispiel wurde zu Übungszwecken so umfangreich gestaltet, um bei der Entscheidung über ein Produktionsprogramm die Aussagefähigkeit der Vollkostenrechnung und der einstufigen sowie mehrstufigen Teilkostenrechnung zu zeigen.

Ein Unternehmen stellt drei Produkte her. In der zurückliegenden Periode wurden die dargestellten Werte ermittelt (Angaben in €):

	Produkt 1	Produkt 2	Produkt 3	Summe
Erlöse	200.000	320.000	300.000	
Stückzahl	1.000	100	1.000	
Selbstkosten	190.000	350.000	260.000	
variable Kosten	– 130.000	– 220.000	– 160.000	
fixe Kosten				290.000

a) Entscheiden Sie über das Produktionsprogramm auf Basis der Vollkostenrechnung.

b) Ermitteln Sie das Betriebsergebnis auf Vollkostenbasis bei Eliminierung von Produkt 2 und kommentieren Sie das Ergebnis.

c) Entscheiden Sie über das Produktionsprogramm (Produkt 1 bis 3; Fragestellung a) auf Basis der Teilkostenrechnung und kommentieren Sie das Ergebnis.

d) Ermitteln Sie das Betriebsergebnis auf Teilkostenbasis bei Eliminierung von Produkt 1 und kommentieren Sie das Ergebnis.

e) Entscheiden Sie über das Produktionsprogramm (Produkt 1 bis 3) mithilfe der mehrstufigen Deckungsbeitragsrechnung und kommentieren Sie das Ergebnis. Die fixen Kosten in Höhe von 290.000 € sollen folgendermaßen aufteilbar sein:

Struktur der Fixkosten	Produkt 1	Produkt 2	Produkt 3	Summe
erzeugnisfixe Kosten	– 20.000	– 90.000	– 60.000	– 170.000
erzeugnisgruppenfixe Kosten		– 40.000	–	– 40.000
unternehmensfixe Kosten				– 80.000

f) Bearbeiten Sie die Fragestellung e) bei Eliminierung von Produkt 2 und kommentieren Sie das Ergebnis.

g) Bearbeiten Sie die Fragestellung e) auf Basis des Stückdeckungsbeitrags db II und kommentieren Sie das Ergebnis.

04. Zusatzauftrag bei Einproduktunternehmen ohne Kapazitätsbeschränkung

Das Unternehmen fertigt nur ein Produkt. Für die Entscheidung über einen Zusatzauftrag liegen Ihnen folgende Angaben vor:

	Fertigung ohne Zusatzauftrag (1.000 Stück)	Zusatzauftrag (200 Stück)
Umsatzerlöse (€/Stk.)	130,00	90,00
variable Kosten (€/Stk.)	50,00	50,00
Fixkosten, gesamt (€)	65.000,00	

Kapazitätsbeschränkungen: keine

Entscheiden Sie rechnerisch über den Zusatzauftrag und kommentieren Sie das Ergebnis Ihrer Berechnung.

05. Produktionsprogrammplanung, Engpassrechnung für vier Produkte

In einem Chemiewerk werden vier Produkte mit einem bestimmten Granulat gefertigt. Für den kommenden Monat soll das Produktionsprogramm geplant werden. Dazu liegen folgende Daten vor:

	Produkt 1	Produkt 2	Produkt 3	Produkt 4
Verkaufspreis (€/Stk.)	35,00	40,00	28,00	16,00
variable Kosten (€/Stk.)	10,00	11,00	6,00	4,00
Verbrauch, Granulat (kg/Stk.)	7,00	5,00	12,50	4,00
Kapazität (Stk.)	600	600	400	1.000

Die Fixkosten pro Monat betragen 30.000 €. Wegen eines Lieferengpasses stehen für den Planungsmonat nur 10.000 kg Granulat zur Verfügung.

a) Ermitteln Sie das Produktionsprogramm auf der Basis des Stückdeckungsbeitrags.

b) Bestimmen Sie das Produktionsprogramm mithilfe des relativen Stückdeckungsbeitrags und ermitteln Sie das Betriebsergebnis im Vergleich zu Frage a).

06. Produktionsprogrammplanung mithilfe der linearen Optimierung***

Die Produktionsbedingungen lauten: Zwei Produkte, mindestens zwei Fertigungsstufen je Produkt (oder mehrere). Engpässe: die Absatzmenge ist für beide Produkte größer als die jeweilige Produktionskapazität; die Beziehungen sind linear.
Es soll gelten:

Zielfunktion: $DB = x_1 \cdot db_1 + x_2 \cdot db_2 \rightarrow$ Maximum!

mit $\qquad p_1 = 10; p_2 = 12; k_1 = 7; k_2 = 7$

$\Rightarrow \qquad db_1 = 3; db_2 = 5$

daraus folgt: $DB = 3x_1 + 5x_2 \rightarrow$ Maximum!

Nebenbedingungen:

(1) Produktionsfunktion 1 (F1): $\qquad 5\,x_1 + 2\,x_2 \leq 200$

(2) Produktionsfunktion 2 (F2): $\qquad 3\,x_1 + 3\,x_2 \leq 240$

(3) $x_1, x_2 \geq 0$ $\qquad$ (Nichtnegativitätsbedingung)

Ermitteln Sie mithilfe der linearen Optimierung grafisch und rechnerisch die optimalen Produktionswerte für x_1 und x_2.

07. Wahl des Fertigungsverfahrens

Für einen Auftrag stehen zwei Maschinen (Verfahren) mit folgenden Daten zur Verfügung:

Kostenart		Verfahren 1	Verfahren 2
		CNC-Maschine	Bearbeitungsautomat
K_f	Rüstkosten	50,00 €	300,00 €
k_v	Materialkosten	3,00 €/Stk.	3,00 €/Stk.
	Fertigungslohn	7,00 €/Stk.	2,00 €/Stk.

Ermitteln Sie

a) rechnerisch und

b) grafisch

die kritische Menge für beide Verfahren.

08. Eigen- oder Fremdfertigung (langfristige Betrachtung)

Für die Fertigung werden Blechgehäuse Typ T2706 seit längerer Zeit fremd zugekauft. Der Lieferant hat zu Jahresbeginn seine Konditionen angehoben und bietet Ihnen jetzt folgende Bedingungen an: Listeneinkaufspreis 100,00 € je Stück, 10 % Rabatt und 3 % Skonto innerhalb von 10 Tagen oder 30 Tage ohne Abzug. Die Bezugskosten betragen 2,70 € pro Stück. Aufgrund der Preisanhebung soll geprüft werden, ob die Eigenfertigung des Blechgehäuses unter Kostengesichtspunkten vertretbar ist. Der Jahresbedarf wird bei rd. 1.800 Stück liegen.

Für die Eigenfertigung wurden folgende Plandaten ermittelt: Anschaffung einer Fertigungslinie (Stanzen, Pressen, Lackieren) zum Preis von 400.000 €; die Anlage soll auf zehn Jahre linear abgeschrieben werden mit einem Restwert von 50.000 €. Der Zinssatz für die kalkulatorische Abschreibung wird mit 8 % angenommen (Eigenfinanzierung). Sonstige Fixkosten p. a. in Höhe von 9.000 € sind zu berücksichtigen. Der Fertigungslohn beträgt 25,00 € je Stück, die Materialkosten 15,00 € je Stück.

Zu ermitteln ist rechnerisch und grafisch, bei welcher Stückzahl die kritische Menge liegt und welche Kostendifferenz sich bei dem geplanten Jahresbedarf ergibt.

09. Direct Costing (1)

Ein Großhandelsunternehmen hat Spinnereimaschinen im Sortiment: Maschine A kostet 2.500.000,00 € und Maschine B kostet 4.657.640,00 €. Sein Kunde verlangt einen Rabatt von 16 % für Maschine A und einen Rabatt von 17 % für Maschine B (Kundenskonto 1 %; variable Kosten 1.875.000,00 € bei Maschine A und bei Maschine B 3.493.230,00 €; fixe Kosten bei Maschine A 184.027,78 € und bei Maschine B 342.854,06 €). Kundenskonto bei Maschine A und B beträgt 1 %.

Welche Maschine erwirtschaftet den größten Gewinn?

10. Preisuntergrenze, Direkt Costing (2)

Der Großhändler aus der vorhergehenden Aufgabe 09. will nun die Preisuntergrenze für seine Spinnereimaschinen ermitteln, denn er möchte demnächst kurzfristig seine Preise senken, um neue Kunden auf sich aufmerksam zu machen. Er wählt diese zwei Maschinen aus:

	Maschine A	Maschine B
variable Kosten	1.875.000,00 €	3.493.230,00 €
Zielverkaufspreis	1.893.939,39 €	3.528.515,15 €

Wie hoch ist die absolute Preissenkung bei Maschine A und bei Maschine B?

11. Ergebnisplanung

Die Metallbau GmbH hat ein Spezialgussteil neu in ihre Produktpalette aufgenommen. Aufgrund einer Marktanalyse geht man von einem Nettoverkaufspreis von 450 € aus. Die variablen Stückkosten werden lt. Planung bei 250 € und die Fixkosten pro Monat bei 120.000 € liegen.

a) Das Unternehmen hat sich zum Ziel gesetzt, in diesem Geschäftsjahr mit dem neuen Produkt einen Gewinn vor Steuern in Höhe von 39.000 € zu realisieren.

   Ermitteln Sie die Stückzahl, die unter diesen Bedingungen monatlich verkauft werden muss.

b) Nach der Markteinführung soll das neue Produkt nachhaltig eine Umsatzrendite von 15 % erwirtschaften.

   Berechnen Sie die dafür erforderliche Stückzahl pro Monat.

12. Kurzfristige Preisuntergrenze

Sie sind neben Ihrer Aufgabe als Produktmanager weiterhin für ein Profitcenter verantwortlich, das mit gebrauchten Spinnereimaschinen handelt.

a) Ihnen liegen zwei Kaufangebote vor:

   Kunde A möchte eine Maschine zum Preis von 1.735.675,00 € kaufen, wenn ihm ein Rabatt in Höhe von 15,5 % gewährt wird. Kunde B möchte eine Maschine zum Preis von 2.567.312,00 € kaufen, wenn ihm 13 % Rabatt gewährt werden (jeweils 2 % Kundenskonto).

variable Kosten	Maschine für Kunde A	1.301.756,25 €
	Maschine für Kunde B	1.925.484,00 €
fixe Kosten	Maschine für Kunde A	127.764,97 €
	Maschine für Kunde B	188.982,69 €

Entscheiden Sie über beide Kaufangebote.

b) Um den Absatz der beiden Maschinentypen (vgl. Frage a)) zu verbessern, beabsichtigen Sie, Ihren Kunden eine befristete Preissenkungsaktion anzubieten.

Ermitteln Sie für beide Maschinen die kurzfristige Preisuntergrenze unter folgenden Bedingungen:

Maschine A	variable Kosten	1.301.756,25 €
	Zielverkaufspreis	1.328.054,36 €
Maschine B	variable Kosten	1.925.484,00 €
	Zielverkaufspreis	1.964.382,67 €

13. Deckungsbeitrag pro Stück, Break-even-Point

Sie sind kommissarischer Leiter einer Niederlassung, die hochwertige Werkzeugsätze herstellt. Die Verhandlungen mit dem Kunden Huber stehen kurz vor dem Abschluss: Er möchte bei Ihnen laufend die Ausführung „MKX24" bestellen. Aus der Buchhaltung haben Sie folgende Zahlen erhalten:

Materialkosten pro Stück: 100 €/Stk.
Lohnkosten pro Stück: 200 €/Stk.
Fixkosten pro Woche: 12.000 €
vorläufiger Verkaufspreis pro Stück: 600 €/Stk.

a) Wie hoch ist der Deckungsbeitrag pro Stück?

b) Bei welcher Stückzahl pro Woche ist die Gewinnschwelle erreicht?

14. Break-even-Analyse (1)

Für die Fertigung eines Getriebeteiles liegt Ihnen folgende Umsatz- und Kostensituation vor:

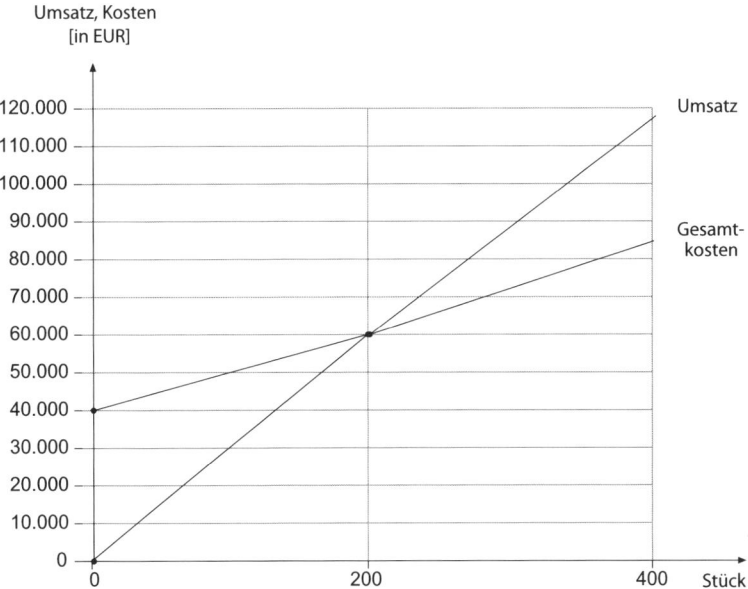

a) Ermitteln Sie im Break-even-Point
   - den Umsatz U*,
   - die Stückzahl x*,
   - den Gewinn G*.

b) Ermitteln bzw. berechnen Sie
   - die fixen Gesamtkosten K_f,
   - den Preis p pro Getriebeteil,
   - die variablen Gesamtkosten K_v,
   - die variablen Stückkosten k_v.

c) Berechnen Sie für einen Auftrag von 300 Stück
   - den Umsatz U,
   - den Gewinn G,
   - den Deckungsbeitrag DB,
   - den Deckungsbeitrag pro Stück db.

d) Zeigen Sie mithilfe der Angaben aus dem Sachverhalt, dass im Break-even-Point gilt:

$$x^* = \frac{K_f}{db}$$

15. Break-even-Analyse (2)

Ein Unternehmen verkauft in einer Abrechnungsperiode eine Menge x zu einem Preis von 50,00 € pro Stück bei fixen Gesamtkosten von 1 Mio. € und variablen Stückkosten von 25,00 €. Die Kapazitätsgrenze liegt bei 100.000 Stück.

a) Ermitteln Sie die Gewinnschwelle.

b) Wie viel Stück müssen abgesetzt werden, wenn das Unternehmen einen Gewinn von 500.000 € plant?

c) Stellen Sie die Lösungen zu a) grafisch dar. Kommentieren Sie die grafische Ermittlung des Break-even-Punktes.

6.3 Fixkostendeckungsrechnung

01. Fixkostendeckungsrechnung (1)

Aus der Periode I liegen aus der Kosten- und Leistungsrechnung für die Produkte 1 bis 4 folgende Zahlenwerte vor:

Periode I			Produkt 1	Produkt 2	Produkt 3	Produkt 4
Nettoverkaufspreis	p	€	5,00	7,00	3,00	6,50
Absatzmenge	x	Stk.	800	1.200	400	600
variable Stück-kosten	k_v	€/Stück	3,50	3,00	1,50	3,50
Selbstkosten pro Stück	SK	€/Stück	6,00	4,50	2,50	5,00

a) Ermitteln Sie für die Periode I das Betriebsergebnis der Produktgruppe 1 bis 4 in Prozent der Umsatzerlöse und interpretieren Sie das Ergebnis.

b) Das Betriebsergebnis von Produkt 1 ist negativ. Für die Periode II ist eine Ausweitung der Produktion (= abgesetzte Menge) um 10 % geplant. Prüfen Sie, welche Auswirkung diese Planung auf die Umsatzrentabilität hat und kommentieren Sie Ihr Ergebnis. Eine Veränderung der variablen Stückkosten sowie der Fixkosten gegenüber der Periode I wird nicht erwartet.

c) Erläutern Sie für den vorliegenden Fall, wie die Deckungsbeitragsrechnung gestaltet werden könnte, um eine differenzierte Betrachtung der Fixkosten zu ermöglichen.

02. Fixkostendeckungsrechnung (2)

Ein Unternehmen hat zwei Produktbereiche A und B. Aus der Kosten- und Leistungs-rechnung liegen folgende Zahlenwerte (in €) vor:

	Produktbereich A		Produktbereich B	
	Typ A1	Typ A2	Typ B1	Typ B2
Erlöse	200.000	210.000	120.000	280.000
variable Kosten	70.000	40.000	80.000	120.000
Produktfixkosten	18.000	35.000	45.000	15.000
Produktbereichsfixkosten	45.000		80.000	
Unternehmensfixkosten	40.000			

a) Ermitteln Sie das Unternehmensergebnis (Deckungsbeitrag V) im Wege der mehr-stufigen Deckungsbeitragsrechnung.

b) Empfehlen Sie je Produktbereich und je Produkttyp eine Strategie.

7 Handelskalkulation

7.1 Handelskalkulation auf Vollkostenbasis

01. Vorwärts-, Rückwärts- und Differenzkalkulation im Handel, Handelsspanne, Kalkulationszuschlag, Kalkulationsfaktor

a) Der Großhändler Huber & Söhne kauft Blusen für 100,00 € je Stück ein. Er erhält aufgrund der Menge 20 % Rabatt und 3 % Skonto. Die Bezugskosten je Stück betragen 2,50 €. Der Händler kalkuliert mit 30 % Handlungskosten, 15 % Gewinn und gewährt 2 % Skonto sowie 5 % Rabatt.

Zu ermitteln ist der Listenverkaufspreis je Stück, die Handelsspanne, der Kalkulationszuschlag und der Kalkulationsfaktor.

b) Aufgrund der Marktsituation ist der Großhändler Huber & Söhne gezwungen, den Listenverkaufspreis auf 120,00 € je Stück zu senken.

Zu ermitteln ist der Gewinn in Euro und Prozent.

c) Der Großhändler überlegt, ob er einen Artikel, den er zu einem Listenverkaufspreis von 110,00 € veräußern kann, in sein Programm aufnimmt.

Zu ermitteln ist der Listeneinkaufspreis (es gelten im Übrigen die Angaben aus a).

02. Handelsspanne

Der Großhändler Huber kalkuliert mit einer Handelsspanne von 60 % bei der Warengruppe X. Im März d. J. muss er eine Erhöhung des Einstandspreises um 10 % hinnehmen. Ermitteln Sie die neue Handelsspanne

a) bei unverändertem Angebotspreis,

b) bei einer Erhöhung des Angebotspreises um 5 %.

03. Vollkostenrechnung (Handel)

Das Handelsunternehmen „Profitex" kauft Textilien im Wert von 70.000,00 € ein. Es wird Liefererrabatt von 10 % und Skonto von 2 % gewährt. Für „Profitex" fallen 5.000,00 € Frachtkosten an. Aus dem Betriebsabrechnungsbogen sind folgende Angaben bekannt: 30 % Handlungskostenzuschlag, Gewinn in Höhe von 7 %, 2 % Kundenskonto und 10 % Kundenrabatt.

a) Ermitteln Sie die Selbstkosten.

b) Ermitteln Sie den Verkaufspreis netto.

04. Bezugspreiskalkulation

Ein Sportwarenhändler kauft Badmintonschläger im Wert von 1.000,00 € ein. Er macht mit dem Hersteller einen Rabatt von 5 % aus; ihm werden 2 % Skonto gewährt. Für den Sportwarenhändler sind 5,00 € Porto angefallen, und er musste der Spedition 70,00 € Rollgeld zahlen.

Wie hoch ist der Einstandspreis?

05. Rückwärtskalkulation (Handel)

Ein Händler hat nicht genügend Marktmacht und muss herausfinden, zu welchem Bezugspreis er beziehen darf, denn er muss seine Kosten decken und möchte dabei auch noch Gewinn machen. Der Listenpreis seiner Ware beträgt 159,08 €, und er muss 8 % Rabatt gewähren (Handlungskosten 15,5 %; Gewinn 10,45 %; Skonto 2 %).

Ermitteln Sie den Bezugspreis.

06. Rückwärtskalkulation, Differenzkalkulation (Handel)

Einem Gemüsehändler liegt ein Angebot von 100 kg Kartoffeln zu 30,00 € (inklusive Rollgeld) vor.

a) Ermitteln Sie den Listenpreis per Angebotskalkulation (Rabatt 5 %, Skonto 2 %, Gewinn 10,12 %, HKZ 15,5 %).

b) Nehmen Sie einen Kundenrabatt in Höhe von 8 % an und ermitteln Sie den Bezugspreis per Rückwärtskalkulation (HKZ 15,5 %, Gewinn 10,12 %, Skonto 2 %). Hinweis: „Starten" Sie mit dem durch die Angebotskalkulation ermittelten Listenpreis.

c) Ermitteln Sie den Gewinn bei nur 6 % Rabatt und 2 % Skonto. Benutzen Sie die Differenzkalkulation.

d) Wie viel Prozent der Selbstkosten beträgt der Gewinn?

7.2 Deckungsbeitragsrechnung im Handel

01. Deckungsbeitragssatz (1)

Der Großhändler Kern überlegt, ob er sein Warensortiment um die Warengruppe X erweitern soll. In seiner Vorkalkulation geht er von folgenden Eckdaten aus:

- Fixkosten der Warengruppe X $\quad$ K_f = $\quad$ 85.000,00
- variable Kosten der Warengruppe X $\quad$ K_v = $\quad$ 50.000,00
- geplanter Netto-Umsatz der Warengruppe X $\quad$ U $\quad$ = $\quad$ 900.000,00
- Wareneinsatz (WE) der Warengruppe X $\quad$ = $\quad$ 70 % des Nettoumsatzes

Der angestrebte Gewinn der Warengruppe X soll mindestens 15 % vom Netto-Umsatz betragen. Geben Sie rechnerisch eine Empfehlung, ob der Großhändler unter diesen Bedingungen sein Warensortiment erweitern soll.

02. Deckungsbeitragssatz (2)

Die Großhandelskette Schlackmann & Co. ist gezwungen, den Verkaufspreis eines Artikels um 20 % zu reduzieren. Sie erhalten folgende Angaben:

Verkaufspreis, alt	VP_{alt}	5,00 €
Absatz	x	1.000.000 Stück €
Stückkosten, variabel	k_v	2,20 €
Kosten, fix	K_f	400.000 €
Beschäftigungsgrad		70 %

a) Ermitteln Sie den Deckungsbeitrag sowie den Gewinn – vor und nach der Preissenkung (bei gleichem Absatz).

b) Berechnen Sie den Deckungsbeitragssatz – vor und nach der Preissenkung.

c) Ermitteln Sie Absatz, Umsatz und Beschäftigungsgrad im Break-even-Point – vor und nach der Preisreduzierung.

8 Prozesskostenrechnung

01. Prozesskostenrechnung (1)

Ermitteln Sie aufgrund der vorliegenden Datenbasis (in Auszügen; geschätzt für eine Periode) die Teilprozesskostensätze:

Teilprozesse	Kosten-treiber	lmi-Prozess-menge (Stück)	Teilprozesskosten (€)		
			gesamt	davon: lmi	davon: lmn
1 Angebote einholen	Anzahl der Angebote	300	5.000	4.000	1.000
2 Material bestellen	Anzahl der Bestellungen	500	9.500	7.500	2.000
3 Abteilung Einkauf leiten	–	–	40.000	–	40.000
4 Auftrag fakturieren	Anzahl der Rechnungen	900	10.800	10.800	–
Summe der Kosten			65.300	22.300	43.000

lmi: leistungsmengeninduziert; lmn: leistungsmengenneutral

02. Prozesskostenrechnung (2)

Die Geschäftsleitung der Metallbau GmbH denkt über die Einführung der Prozesskostenrechnung nach.

a) Beschreiben Sie den konzeptionellen Ansatz der Prozesskostenrechnung.

b) Welche Bezugsgrößen wählt die Prozesskostenrechnung zur Verteilung der Gemeinkosten?

c) Beschreiben Sie eine Schwachstelle dieses Kostenrechnungssystems.

03. Prozesskostenrechnung, Handel

In einem selbstständig disponierenden Zentrallager soll die Prozesskostenrechnung eingeführt werden. Für die Modellrechnung wurden drei Hauptprozesse ermittelt: Einkauf, Transport und Lager. Die Jahreskosten betragen je Hauptprozess 150.000 €, 180.000 € und 352.000 €. Als Cost-Driver wird folgendes Mengengerüst zu Grunde gelegt: Einkauf: 8.000 Arbeitsstunden, Transport: 120.000 km, Lager: 2.200 Arbeitsstunden.

Für einen Auftrag aus zwei Artikeln sollen die Selbstkosten ermittelt werden:

	Warenwert	anteilige Arbeitsstunden Einkauf	anteilige Transport- km	anteilige Arbeitsstunden Lager
Artikel 1	10.000 €	2	600	2
Artikel 2	80.000 €	1	120	4

In der Modellrechnung sind die kalkulatorischen Zinsen für das Lager sowie Imn-Kosten nicht zu berücksichtigen.

04. Prozesskostenkalkulation und Zuschlagskalkulation im Vergleich

Ein häufig durchgeführter Auftrag soll mithilfe der Prozesskostenrechnung (PKR) überprüft werden, indem die Selbstkosten (auf Basis der PKR) mit dem Ergebnis der differenzierten Zuschlagskalkulation (= 8.700,00 € pro Auftrag) verglichen werden.

Führen Sie die Prozesskostenkalkulation durch und kommentieren Sie den Vergleich mit dem Ergebnis der Zuschlagskalkulation.

Die KLR liefert dazu folgende Angaben:

Einzelkosten:

Material	2.000 €
Fertigung	4.000 €
Sonderkosten/Fertigung	200 €
Sonderkosten/Vertrieb	100 €
Maschinenstundensatz	150 €
Maschinenstunden	3 Std.

Prozesskosten:

Prozess	Menge	Prozesskostensatz
Material	6	50 €
Fertigung	10	80 €
Vertrieb	5	20 €

Gemeinkostenzuschläge:

Bereich	Prozentsatz
Restgemeinkosten/Material	20 %
Restgemeinkosten/Fertigung	15 %
Restgemeinkosten/Vertrieb	6 %
Verwaltung	10 %

9 Zielkostenrechnung (Target Costing)

01. Zielkostenrechnung (Target-Costing), Industrie

Ermitteln Sie den möglichen Marktpreis auf der Basis folgender Angaben:

Zielkosten	= Marktpreis − Gewinn	= p − 30,00 €

Planabsatz:	500 Stück
Gesamtkosten:	
Vertriebskosten	10.000 €
Verwaltungskosten	9.600 €
Konstruktion	20.000 €
Arbeitsvorbereitung	4.000 €
Werkzeuge	10.000 €
Materialkosten	7.150 €
Fertigungskosten	24.250 €

02. Zielkostenrechnung (Target-Costing), Handel

Ein Textilgroßhändler möchte seine Winterkollektion um einen hochwertigen Anorak erweitern. Der maximale Verkaufspreis darf bei 400,00 € inkl. MwSt liegen. Der Händler muss mit 20 % Handlungskosten und einem Mindestgewinn von 15 % kalkulieren.

Zu ermitteln ist der zulässige Einstandspreis.

10 Kostenmanagement

01. Kostenkontrollrechnung, Über-/Unterdeckung

Ein Unternehmen kalkuliert mit Normalzuschlagssätzen auf Basis der Zuschlagsgrundlage; in der Abrechnungsperiode wurden folgende Istgemeinkosten sowie ein Minderbestand von 10.000 € ermittelt:

	Material	Fertigung	Verwaltung	Vertrieb
Normal-Zuschlagssätze	50 %	120 %	20 %	10 %
Einzelkosten (€)	50.000	140.000		
Istgemeinkosten (€)	30.000	154.000	84.480	46.080

Es ist die Kostenüber-/Kostenunterdeckung der Kostenstellen zu ermitteln und zu kommentieren.

02. Kennzahlen für Steuerungszwecke (Umsatzrendite, Wirtschaftlichkeit)

Für die Produkte 1 bis 3 liegen die Selbstkosten und die Nettoumsatzerlöse vor (Angaben in €):

	Produkt 1	Produkt 2	Produkt 3
Selbstkosten	249.934,40	314.811,20	353.648,00
Nettoumsatzerlöse	302.000,00	278.000,00	385.600,00

Ermitteln Sie je Produkt die Wirtschaftlichkeit sowie die Umsatzrendite und kommentieren Sie das Ergebnis Ihrer Rechnung.

03. Grenzkosten, fixe und variable Kosten, Kostenverläufe

Die Fertigungskostenstelle „Anlasser" weist in zwei aufeinander folgenden Monaten folgende Kostenarten aus (Angaben in €):

Kostenart	Monat 1	Monat 2
K_1	13.500	21.000
K_2	13.500	16.500
K_3	26.000	39.500
K_4	4.000	4.000
K_5	6.000	6.000
K_6	12.000	18.000

Die Beschäftigung lag im ersten Monat bei 5.000 Stunden und im zweiten Monat bei 8.000 Stunden. Die Gesamtkostenfunktion ist linear.

a) Ermitteln Sie für jede Kostenart die Fixkosten und die variablen Stückkosten.

b) Leiten Sie aus den Ergebnissen zu a) die Kostenfunktion je Kostenart und die Gesamtkostenfunktion ab.

c) Tragen Sie in einem Koordinatensystem ein:
   - die Gesamtkosten K
   - die Stückkosten k
   - die Grenzkosten K´
   - die variablen Stückkosten k_v
   - die fixen Stückkosten k_f
   - die Beschäftigung B_1 (5.000 Std.)
   - die Beschäftigung B_2 (8.000 Std.)

d) Beschreiben Sie die Kostenverläufe K, k, K´, k_v und k_f.

04. Ermittlung der Kostenüber- bzw. -unterdeckung eines Auftrags

Das Unternehmen hat für ein Angebot Selbstkosten in Höhe von 358.397,50 € auf Basis der Normalkosten ermittelt.

Vorkalkulation	Normalkosten (€)	%
Materialeinzelkosten	90.000,00	
Materialgemeinkosten	5.400,00	6
Fertigungslohnkosten	80.500,00	
Fertigungsgemeinkosten	120.750,00	150
Herstellkosten der Fertigung	296.650,00	
Bestandsminderung	15.000,00	
Herstellkosten des Umsatzes	311.650,00	
Verwaltungs-/Vertriebsgemeinkosten	46.747,50	15
Selbstkosten	358.397,50	

Für die Nachkalkulation liegen folgende Angaben in Euro vor:

Materialgemeinkosten	8.300,00
Fertigungsgemeinkosten	117.830,00
Bestandsminderung	15.000,00
Verwaltungs-/Vertriebsgemeinkosten	71.700,00

Ermitteln Sie die Kostenüber- bzw. -unterdeckung und interpretieren Sie das Ergebnis Ihrer Rechnung.

05. Produktivität, Rentabilität, ROI

Aufgrund der Angaben aus dem Rechnungswesen ermitteln Sie für die letzten beiden Monate u. a. folgende Kennzahlen:

Monat	Ausbringung (Stk.)	Arbeitsstunden	Gesamtkapitalrentabilität (%)
Mai	50.000	2.000	12,5
Juni	42.000	1.400	12,5

a) Berechnen Sie die Veränderung der Arbeitsproduktivität von Mai zu Juni in Prozent und nennen Sie zwei mögliche Ursachen für die Veränderung.

b) Erklären Sie anhand von drei Beispielen, warum sich bei einer Veränderung der Arbeitsproduktivität die Gesamtkapitalrentabilität des Unternehmens nicht zwangs- läufig verändert.

c) Als Grundlage für Ihre Unternehmensplanung wird u. a. der Return on Investment (ROI) verwendet. Wie wird diese Kennzahl ermittelt?

d) Welcher Unterschied besteht zwischen dem ROI und der Rentabilität?

06. Operative Instrumente (Kennzahlen, Controlling) und Budgetkontrolle

Aus der Buchhaltung liegen Ihnen folgende Zahlen des Produktes X vor:

Jahr	Umsatz (Euro)	Absatz (Stück)
2009	40.400	450
2010	45.200	460

Aus den Berichten über die Budgetgespräche wissen Sie, dass für 2010 ein Planum- satz von 48.000 € bei einem Planabsatz von 450 Stück – festgeschrieben war.

a) Führen Sie einen innerbetrieblichen Vergleich durch. Unterscheiden Sie dabei

a 1) Ist-Ist-Vergleich,

a 2) Soll-Ist-Vergleich und zeigen Sie jeweils die mengenmäßigen und wertmäßigen Veränderungen sowie die Veränderung der Erlöse pro Stück – ausgewiesen in Prozent – auf.

b) Präsentieren Sie die gewonnenen Ergebnisse der Geschäftsleitung in einer über- sichtlichen Matrix bzw. einem Schaubild.

07. Analyse einer Geschäftsentwicklung

Sie analysieren die Geschäftsentwicklung Ihres Profitcenters. Betrachtet wird das zurückliegende Geschäftsjahr. Sie stellen fest:

- der Gewinn verzeichnet einen Rückgang um 1,5 %,
- der Absatz ist dramatisch „eingebrochen" (um 25 %),
- der Umsatz ist annähernd konstant geblieben.

Was ist passiert? Erläutern Sie zwei Ursache-Wirkungszusammenhänge.

08. Kennzahlenanalyse

Für die zurückliegende Periode liegen Ihnen aus der Bilanz sowie der Gewinn- und Verlustrechnung folgende Zahlenwerte vor:

Kapital:	600 T€
Kosten:	1.900 T€
Maschinenstunden:	46.000 Std.
Arbeitsstunden:	30.000 Std.
Leistungen:	2.000 T€
Menge:	35.000 Einheiten (E)
Gewinn:	60.000 €

a) Berechnen Sie folgende Kennzahlen:

- Maschinenproduktivität
- Arbeitsproduktivität
- Kapitalrentabilität
- Wirtschaftlichkeit

b) Interpretieren Sie das Ergebnis Ihrer Rechnung für die Kennzahl Produktivität.

c) Erläutern Sie verbal und mithilfe eines Zahlenbeispiels folgende Behauptung: „Die Verbesserung der Wirtschaftlichkeit führt nicht zwangsläufig zu einer Verbesserung der Kapitalrendite!"

09. Vor- und Nachkalkulation

Eine Sonderfertigung ist für einen Gewerbekunden nach folgenden Angaben (in €) zu kalkulieren:

MEK	1.000,00
MGK, 50 %	
FEK	2.000,00
FGK, 120 %	
VwGK, 15 %	
VtGK, 10 %	
Sondereinzelkosten des Vertriebs	625,00
Gewinn	1.600,00
Kundenskonto, 2 %	
Kundenrabatt, 10 %	

a) Kalkulieren Sie den Nettoverkaufspreis.

b) Nach Durchführung des Auftrags liegen aus der Kostenstellenrechnung die tatsächlichen Kosten des Auftrags vor. Es soll ein Vergleich der Normalkosten aus der Vorkalkulation mit den Istkosten durchgeführt werden:

	Vorkalkulation Normalkosten in €	Nachkalkulation Istkosten in €
MEK	1.000	1.200
MGK	50 %	500
FEK	2.000,00	2.200
FGK	120 %	2.500
VwGK,	15 %	880
VtGK,	10 %	600
Sondereinzelkosten des Vertriebs	625,00	700
Gewinn	1.600,00	
Kundenskonto, 2 %	195,92	
Kundenrabatt, 10 %	1.088,44	

Ermitteln Sie die Kostenüber-/-unterdeckung je Kostenart, die tatsächliche Gewinnspanne in Prozent und analysieren Sie das Ergebnis Ihrer Rechnung. Der in a) ermittelte Nettoverkaufspreis ist verbindlich.

10. Analyse eines Kostenstellenreports

Im Vorjahr wurde nach längerer Vorbereitung ein innerbetriebliches Berichtswesen zur Verbesserung des Controlling aufgebaut. Vor Ihnen liegt der Kostenstellenreport vom Mai des laufenden Jahres (Angaben in €):

Kostenstellen-report	Verdichter			Mai
Kostenart	aktuelles Jahr kumulierte Werte	Vorgabe/Soll	Abweichung absolut	Abweichung in %
RHB-Stoffe	861.350	805.000	56.350	7,00
Personal-aufwand	598.944	587.200	11.744	2,00
Raumkosten	14.400	14.400	0	0,00
Betriebssteuern	4.200	4.200	0	0,00
Versicherungen	3.816	3.600	216	6,00
Kfz-Kosten	7.938	8.100	– 162	– 2,00
Reisekosten	13.871	14.300	– 429	– 3,00
Abschreibungen	75.000	75.000	0	0,00
Instandhaltung	8.720	8.000	720	9,00
Energiekosten	35.840	32.000	3.840	12,00
Gesamtkosten	1.624.079	1.551.800	72.279	4,66

Der Meisterbereich war zu 100 Prozent ausgelastet. Laut Anweisung der Geschäftslei-tung sind Kostenüberschreitungen von mehr als 5 Prozent schriftlich zu kommentieren (Darstellung konkreter Maßnahmen zur Kostenreduzierung).

Analysieren Sie ausführlich den Report und beschreiben Sie – soweit erforderlich – geeignete Maßnahmen zur Gegensteuerung. Beziehen Sie dabei Lösungsansätze und -möglichkeiten Ihrer Mitarbeiter mit ein. Berücksichtigen Sie bei Ihren Überlegungen, dass Sie in einem Kleinbetrieb arbeiten und damit unmittelbar einen Großteil der Ge-samtkosten direkt mit beeinflussen können (es gibt also keine so genannte Konzern-umlage). Beziehen Sie längerfristige, grundsätzliche Steuerungsmaßnahmen mit ein.

11 Betriebsstatistik

Hinweis: Die Betriebsstatistik ist nicht bei allen Betriebswirten, Fachwirten und Fachkaufleuten Gegenstand des Rahmenplans. Bitte prüfen Sie Ihren speziellen Fall.

01. Umsatzentwicklung, Liniendiagramm

In den Jahren 2009 und 2010 wurden für die Metall GmbH folgende Monatsumsätze ermittelt (Angaben in Euro):

	Jan.	Feb.	März	April	Mai	Juni	Juli	Aug.	Sept.	Okt.	Nov.	Dez.
2009	10.000	11.000	12.000	8.000	7.000	5.000	6.000	7.000	9.000	10.000	12.000	13.000
2010	12.000	13.000	15.000	9.000	8.000	6.000	7.000	8.000	10.000	12.000	13.000	14.000

a) Stellen Sie die Umsatzentwicklung als Linien- und als Flächendiagramm dar.

b) Kommentieren Sie die Umsatzentwicklung.

c) Berechnen Sie den durchschnittlichen Umsatz 2009 und 2010.

d) Um wie viel Prozent ist der durchschnittliche Umsatz von 2009 auf 2010 gestiegen?

02. Umsätze und Gewinn pro Quartal, Säulendiagramm, Flächendiagramm

Für ein Unternehmen ist die Umsatz- und Gewinnentwicklung pro Quartal wiedergegeben:

	Umsatz (in €)	Gewinn (in €)
1. Quartal	120.000	18.000
2. Quartal	160.000	24.000
3. Quartal	60.000	9.000
4. Quartal	80.000	12.000

Stellen Sie die Umsatz- und Gewinnentwicklung pro Quartal als Säulen- und als Flächendiagramm dar. Kommentieren Sie die Aussagekraft beider Diagramme.

03. Kosten pro Quartal, Stabdiagramm

Erstellen Sie ein Stabdiagramm (horizontale Darstellung) für die fixen und variablen Kosten (in Tsd. Euro) pro Quartal:

	Kosten fix (in Tsd. €)	Kosten variabel (in Tsd. €)
1. Quartal	4,3	2,4
2. Quartal	2,5	4,4
3. Quartal	3,5	1,8
4. Quartal	4,5	2,8

a) in Absolutdarstellung,

b) auf 100 % normiert.

04. 3-D-Diagramm (gestaffelt), Liniendiagramm (mit Knoten)

Erstellen aus den vorliegenden Daten für die Jahre 2007 bis 2010 (Angaben in €)

a) ein Säulendiagramm in 3D-Darstellung (gestaffelt),

b) ein Liniendiagramm (mit Knoten).

	Kosten gesamt	Kosten variabel	Deckungsbeitrag
2007	80.000	50.000	30.000
2008	120.000	70.000	50.000
2009	140.000	80.000	60.000
2010	160.000	100.000	60.000

05. Arithmetisches Mittel, Modalwert, Standardabweichung

In einer Hochdruckdampfanlage soll der Wirkungsgrad der Kessel untersucht werden. Die Stichprobe vom Umfang n = 8 führte zu folgendem Ergebnis (x_i in Prozent):

x_i	90,3	91,6	90,9	90,4	90,3	91,0	87,9	89,4

Ermitteln Sie folgende Werte der Stichprobe:

a) den durchschnittlichen Wirkungsgrad

b) die Standardabweichung

c) den häufigsten Wert

d) den absolut größten Fehler

06. Spannweite

Für die Stichprobe aus Aufgabe 05. soll die Spannweite ermittelt werden.

a) Berechnen Sie die Spannweite.

b) Welche Vor- und Nachteile hat der Parameter „Spannweite"?

07. Anteile, Kreisdiagramm

Bei einer Kraftmaschine wird die zugeführte Energie in folgenden Anteilen genutzt:

*   Kühlwasserbeheizung 14 %
*   ungenutzte Energie in Form von Reibung usw. 18 %
*   Abgaswärme 28 %
*   Bewegungsenergie 40 %

Zeichnen Sie ein Kreisdiagramm zur grafischen Darstellung der Energienutzung (Segmente in „explodierender Darstellung").

08. ABC-Analyse (1)

Sie sind in der Materialwirtschaft der Durchlauf KG tätig. Zur Sicherung des Unternehmens und zur Kompensation des enormen Kostendrucks, sind Optimierungspotenziale in allen Unternehmensbereichen zu ermitteln und geeignete Maßnahmen einzuleiten. Im Bereich Materialwirtschaft scheint hierbei eine Analyse der *Jahresverbrauchswerte* der Lagermaterialien erforderlich.

Aus der Lagerbuchhaltung liegen folgende Angaben vor:

Artikelnummer	Verbrauch/Monat in Einheiten	Preis je Einheit in €
9004	30.000,00	0,30
9790	15.000,00	0,10
10576	200,00	3,00
11362	5.000,00	0,08
12148	8.000,00	0,04
12934	500,00	0,50
13720	720,00	0,25
18990	6.000,00	0,02
19416	10.000,00	0,07
19842	9.000,00	5,00
20268	250,00	1,40
20694	6.000,00	0,01
21120	4.000,00	0,07
21546	1.200,00	5,00
21972	1.500,00	0,90
22398	600,00	0,05
22824	800,00	3,75
45425	10,00	15,00
47424	315,00	0,73
49423	200,00	125,00
51422	4.000,00	0,05
53421	715,00	0,70
55420	15.000,00	0,02
57419	2.000,00	0,19
59418	5.000,00	1,00

Errechnen Sie den Verbrauchswert je Position. Ordnen Sie die Artikel nach fallenden Verbrauchswerten und teilen Sie sie in die Gruppen A, B und C ein.

09. ABC-Analyse (2)

Zur Vorbereitung von Rationalisierungsmaßnahmen soll das Zwischenlager der Fertigung mithilfe einer ABC-Analyse überprüft werden. Aus der Buchhaltung liegen Ihnen die folgenden durchschnittlichen Verbrauchswerte je Monat je Artikelgruppe vor:

Artikel-Gruppe	Verbrauch je Monat in Einheiten (E)	Preis je Einheit in EUR
900	1.000	0,70
979	4.000	0,20
105	3.000	3,80
113	6.000	1,00
121	1.000	7,00
129	16.000	0,50
137	9.000	0,10
189	400	3,00
194	600	2,00
215	4.000	0,20

a) Erstellen Sie die ABC-Analyse für das vorliegende Datenmaterial und beschreiben Sie kurz die einzelnen Arbeitsschritte. Berechnen Sie dabei die Anteilswerte auf zwei Stellen nach dem Komma.

b) Klassifizieren Sie die Artikelgruppen nach A-, B- und C-Gruppen.

c) Stellen Sie die Verteilung grafisch dar (Konzentrationskurve).

10. Stichproben-Analyse, grafische Darstellung

Im Fertigungsbereich II gab es seit längerem Qualitätsprobleme. Das nachfolgende Diagramm zeigt das repräsentative Ergebnis einer Stichprobe („alt") mit n = 60 vor drei Monaten:

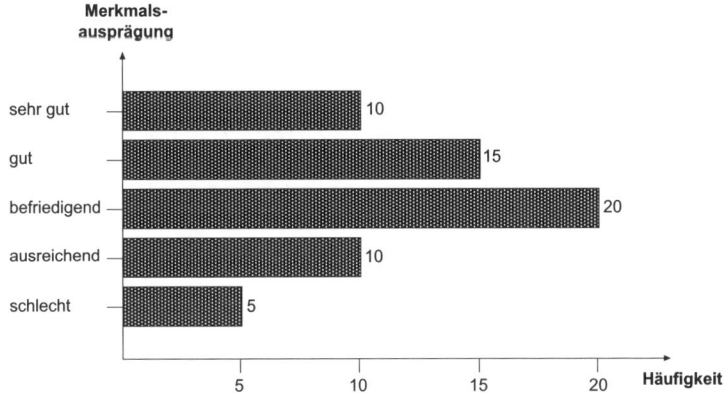

Aufgrund einer Analyse der GK-Consulting GmbH, Neustrelitz, wurden eine Reihe von Maßnahmen zur Qualitätssicherung durchgeführt. Die neuerliche Stichprobe („neu") vom Umfang n = 80 führte zu folgendem Ergebnis:

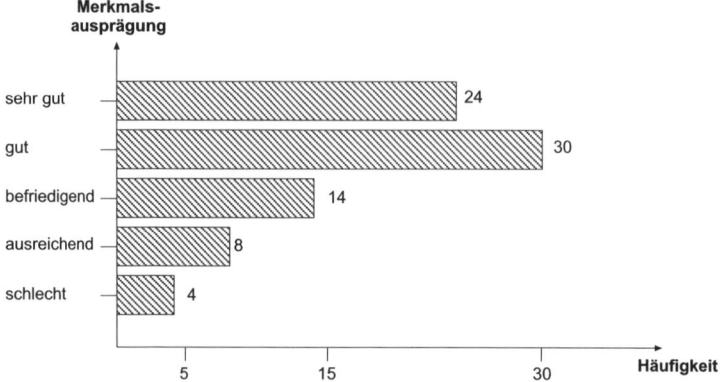

Da Sie Mitglied im Team Qualitätssicherung sind, erhalten Sie die Aufgabe, in einer Präsentation darzulegen, ob die durchgeführten Maßnahmen zu einer Qualitätsverbesserung geführt haben.

a) Stellen Sie das Ergebnis Ihrer Analyse in einem geeigneten Diagramm dar.

b) Zeigen Sie alternativ eine andere, ebenfalls geeignete Diagrammform und begründen Sie, welche Darstellungsvariante (a) oder (b) Ihnen wirksamer erscheint.

11. Klasseneinteilung, Histogramm

Die nachfolgende Tabelle zeigt Messwerte absolut, relativ und kumuliert relativ:

Messwerte	Häufigkeit (absolut)		Häufigkeit (relativ)	
x_j			einfach	kumuliert
3,00	I	1	0,0333	0,0333
3,15	II	2	0,0666	0,0999
3,45	I	1	0,0333	0,1332
3,75	I	1	0,0333	0,1665
4,05	II	2	0,0666	0,2331
4,20	II	2	0,0666	0,2997
4,35	I	1	0,0333	0,3330
4,50	III	3	0,1000	0,4330
4,65	III	3	0,1000	0,5330
4,80	II	2	0,0666	0,5996
4,95	I	1	0,0333	0,6329
5,10	IIII	4	0,1333	0,7662
5,25	II	2	0,0666	0,8328
5,40	I	1	0,0333	0,8661
5,55	I	1	0,0333	0,8994
5,85	I	1	0,0333	0,9327
6,00	I	1	0,0333	0,9660
6,45	I	1	0,0333	1,0000[1]
Σ		30	1,0000	

a) Erstellen Sie eine Klasseneinteilung: Ermitteln Sie dazu die Anzahl der Klassen k und die Klassenbreite w. Ordnen Sie die Stichprobenwerte den Klassen zu.

b) Zeichnen Sie das Histogramm zu a).

12. Mittelwerte, Streuungsmaße

Es liegt folgende Messwertreihe vor (Grundgesamtheit):

4,35	4,80	3,75	4,95	4,20	5,10	4,65	6,00	4,05	5,25
5,10	4,50	3,15	5,25	4,65	3,45	5,85	4,50	5,55	4,80
6,45	4,05	3,00	4,20	5,10	3,15	5,40	4,65	5,10	4,50

[1] Rundungsdifferenzen

Zu berechnen sind folgende Parameter der Messreihe (Grundgesamtheit):

a) das arithmetische Mittel, ungewogen

b) der Median

c) der Modalwert

d) die Spannweite

e) die Varianz

f) die Standardabweichung

13. Mittelwerte, Streuungsmaße einer Stichprobe

Beschreiben Sie, wie Maßzahlen einer Stichprobe berechnet werden – im Gegensatz zu Maßzahlen einer Grundgesamtheit.

14. Trendermittlung***

Es wird angenommen, dass für die Jahre t_1 bis t_5 folgende Absatzzahlen vorliegen:

t_1	t_2	t_3	t_4	t_5
300	360	340	380	400

a) Ermitteln Sie als Planwert für die Periode t_6 den Mittelwert μ der Perioden t_1 bis t_5 (so genannter gleitender 5er-Durchschnitt).

   Tatsächlich ergibt die 6. Periode einen Absatzwert von 420. Berechnen Sie den Planwert für die Periode 7 aus den Absatzwerte von t_2 bis t_6.

   Für die 7. Periode ergibt sich tatsächlich ein Absatzwert von 480 Einheiten. Berechnen Sie den Planwert für die Periode 8 aus den Absatzwerte von t_2 bis t_7.

b) Ermitteln Sie zur Ausgangslage in a) die Trendwerte für Perioden 6, 7 und 8 als gewogenen gleitenden 5er-Durchschnitt. Erläutern Sie die Berechnungsweise.

c) Es wird von folgender Zeitreihe ausgegangen; dabei ist der Prognosewert der Periode 1 vorgegeben mit 310. Ermitteln Sie die Prognosewerte für die Perioden 2 bis 7 mithilfe der exponentiellen Glättung 1. Ordnung. Es wird ein Glättungsfaktor von $\alpha = 0{,}5$ gewählt. Erläutern Sie die Methode der exponentiellen Glättung 1. Ordnung.

Periode	t_1	t_2	t_3	t_4	t_5	t_6	t_7
Istwert	300	360	340	380	400	420	480
Prognosewert	310,0	305,0	332,5	341,25	360,63	380,32	400,16

d) Ermitteln Sie die Regressionsgerade und erläutern Sie die Methode der kleinsten Quadrate.

e) Stellen Sie die Ausgangswerte und die Ergebnisse von c) und d) grafisch dar.

f) Vergleichen Sie die Verfahren der Trendberechnung bezüglich ihrer Eignung bezogen auf das vorliegende Datenmaterial.

15. Trendermittlung, 3er-Durchschnitte

Es liegen folgende Reihenwerte vor:

Jahr	Reihenwerte
1	10
2	8
3	12
4	12
5	10
6	14
7	14
8	12
9	16

a) Ermitteln Sie den Trend mithilfe der 3er-Oberdurchschnitte.

b) Ermitteln Sie den Trend mithilfe der gleitenden 3er-Oberdurchschnitte.

c) Stellen Sie die Ausgangswerte und die Trendwerte von a) und b) grafisch dar.

d) Beurteilen Sie die angenäherte Trendermittlung mithilfe der Methode der gleitenden Durchschnitte k-ter Ordnung.

16. Messziffer

Es liegen die nachfolgenden Absatzzahlen vor:

Monat	Absatzzahlen in Einheiten
Januar	8.400
Februar	8.600
März	8.500
April	8.759
Mai	8.256
Juni	8.467

Berechnen Sie die Entwicklung der Absatzzahlen gegenüber dem Monat Januar.

17. Indices nach Laspeyres und Paasche***

In den Jahren 01 und 02 wurden von einem Produkt folgende Typen verkauft:

Produkt	i	Preise (in €), p_{oi}		Abgesetzte Menge (in Mio. Stück), x_{oi}	
		Jahr 01	Jahr 02	Jahr 01	Jahr 02
Typ A	1	11,00	13,00	0,8	1,8
Typ B	2	11,00	12,00	2,5	0,8
Typ C	3	10,00	11,00	1,8	2,0

a) Berechnen Sie den Preisanstieg der Produkte im Jahr 02 im Vergleich zum Jahr 01 nach Paasche und Lespeyres.

18. Gliederungszahlen, Beziehungszahlen

a) Von den 12.567 Produkten im Warenangebot wurden 987 Produkte in der Region Mecklenburg-Vorpommern abgesetzt.

   Wie hoch ist deren Anteil?

b) Erläutern Sie den Unterschied zwischen Gliederungszahlen und Beziehungszahlen.

c) Dem Jahresabschluss sind zu entnehmen:

Gewinn	100.000 €
Fremdkapitalzinsen	60.000 €
Eigenkapital	650.000 €
Fremdkapital	1.300.000 €

Berechnen Sie die Rentabilität des Gesamtkapitals.

Lösungen

1 Grundlagen

01. Aufgaben der Kosten- und Leistungsrechnung

Aufgaben (Funktionen) der Kosten- und Leistungsrechnung	
Ermittlungs- und Informationsfunktion **auch: Dokumentationsfunktion**	Die Kosten- und Leistungsrechnung hat die Aufgabe, die Kosten und Leistungen zu erfassen, internen Berechtigten zur Verfügung zu stellen und zu dokumentieren (z. B. bei öffentlichen Aufträgen; Nachweis der Kalkulation).
Planungs-, Vorgabe- und Entscheidungsfunktion	Auf der Grundlage der Informationen erfolgt die Planung von Prozessen in bestimmten Zeitabschnitten: Hierbei werden Kosten und Leistungen für Kostenarten, Kostenstellen und Kostenträger geplant. Bei der Kalkulation ist dies die Vorkalkulation als Grundlage für die Bestimmung der Preise der Leistungseinheiten. Grundlage dafür ist die Planung der Kosten für die einzelnen Kostenarten. Aber auch für die Verantwortungsbereiche (Kostenstellen) werden Kosten und Leistungen geplant. Instrumente sind Planvorgaben und Budgets.
Analyse- bzw. Kontrollfunktion	Die Informationen werden zur Analyse der Ursachen von Abweichungen von den geplanten Größen genutzt. Die Analyse wird mithilfe von betriebswirtschaftlichen Kennziffern vorgenommen, um damit zu den Ursachen für diese Abweichungen vorzudringen. Beispielsweise sind es Kennziffern der Wirtschaftlichkeit, der Produktivität, des Erfolgs (Rentabilität), aber auch spezifische Kennziffern, die sich aus der KLR ergeben, wie z. B. relative Deckungsbeiträge. Diese Analyse kann wiederum für Kostenarten, Kostenstellen und Kostenträger vorgenommen werden.
Entscheidungs- und Steuerungsfunktion	Die KLR liefert Grundlagen für Entscheidungen zur Steuerung des Unternehmens. Sie bereitet diese Entscheidungen durch die Bereitstellung der Informationen und Analysen gegebenenfalls auch mit unterschiedlichen Entscheidungsalternativen vor.
Kalkulationsfunktion	Die Kalkulationsfunktion umfasst Information (Ermittlung der Daten für die Vorkalkulation), Planung (Vorkalkulation), Analyse (Analyse der Ursachen für Abweichungen in der Nachkalkulation) und Steuerungsfunktion (Schlussfolgerungen für die Preisgestaltung der folgenden Periode, wie z. B. Preisuntergrenzen im Verkauf, Preisobergrenzen im Einkauf).
Ergebnisermittlung und kurzfristige Erfolgsrechnung	Der Betriebserfolg wird mehrfach im Jahr (monatlich, vierteljährlich) ermittelt. Damit kann die Unternehmensleitung kurzfristig den Grad der Zielerfüllung überprüfen.

02. Abgrenzungsrechnung, Grundbegriffe

Grundbegriffe der Kosten- und Leistungsrechnung (KLR)			
Auszah-lungen	Ausgaben	Aufwen-dungen	Kosten
↑↓	↑↓	↑↓	↑↓
Einzah-lungen	Einnahmen	Erträge	Leistungen

Auszahlungen	sind tatsächliche Abflüsse von Zahlungsmitteln, z. B. Barentnahmen, geleistete Vorauszahlungen.
Einzahlungen	sind tatsächliche Zuflüsse von Zahlungsmitteln, z. B. Bareinlagen, Barverkäufe.

Ausgaben	sind Minderungen des Geldvermögens.
Einnahmen	sind Mehrungen des Geldvermögens.
Einnahmen und Ausgaben entstehen durch schuldrechtliche Verpflichtungen (z. B. Kaufvertrag), ohne dass zum Zeitpunkt des Vertragsschlusses tatsächliche Zuflüsse oder Abflüsse von Zahlungsmitteln entstehen müssen.	
Beispiel: Der Betrieb kauft am 1. Oktober eine Maschine mit einem Zahlungsziel von vier Wochen: Der Kauf führt zu einer Ausgabe am 1. Oktober (Minderung des Geldvermögens). Der tatsächliche Abfluss von Zahlungsmitteln (Auszahlung) erfolgt am 1. November.	

Im Gegensatz zur Finanzbuchhaltung will man in der KLR den tatsächlichen Verbrauch von Werten (= Werteverzehr) für Zwecke der Leistungserstellung festhalten. Dies führt dazu, dass die Begriffe der KLR und der Finanzbuchhaltung auseinander fallen:

Aufwendungen	sind der gesamte Werteverzehr; er ist zu unterteilen in den *betriebsfremden Werteverzehr* (= nicht durch den Betriebszweck verursacht; z. B. Spenden) und den *betrieblichen Werteverzehr* (= durch den Betriebszweck verursacht; z. B. Miete für eine Produktionshalle, Betriebssteuern).

Die betrieblichen Aufwendungen werden noch weiter unterteilt in:

Ordentliche Aufwendungen	Aufwendungen, die üblicherweise im „normalen" Geschäftsbetrieb anfallen.
Außerordent-liche Aufwen-dungen	Aufwendungen, die unregelmäßig vorkommen oder ungewöhnlich hoch auftreten; z. B. periodenfremde Steuernachzahlungen, Aufwendungen für einen betrieblichen Schadensfall.

Die betrieblichen, ordentlichen Aufwendungen bezeichnet man auch als *Zweckaufwendungen*. Die betriebsfremden sowie die betrieblich-außerordentlich bedingten Aufwendungen ergeben zusammen die *neutralen Aufwendungen*.

Im Überblick:

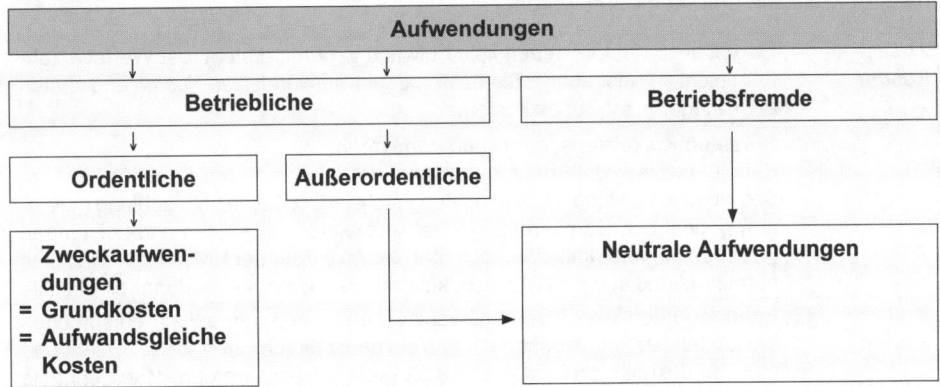

Die Zweckaufwendungen bezeichnet man als *Grundkosten*, da sie den größten Teil des betrieblich veranlassten Werteverzehrs darstellen. Da sie unverändert aus der Finanzbuchhaltung in die KLR übernommen werden, heißen sie auch *aufwandsgleiche Kosten* (Aufwand = tatsächlicher, betrieblicher Werteverzehr = Kosten).

Die Erträge werden analog zu den Aufwendungen gegliedert:

Erträge	sind der gesamte Wertezuwachs in einem Betrieb. Betrieblich bedingte, ordentliche Erträge sind *Leistungen*. Betriebsfremde Erträge sowie betrieblich bedingte, außerordentliche Erträge sind *neutrale Erträge*.

Im Überblick:

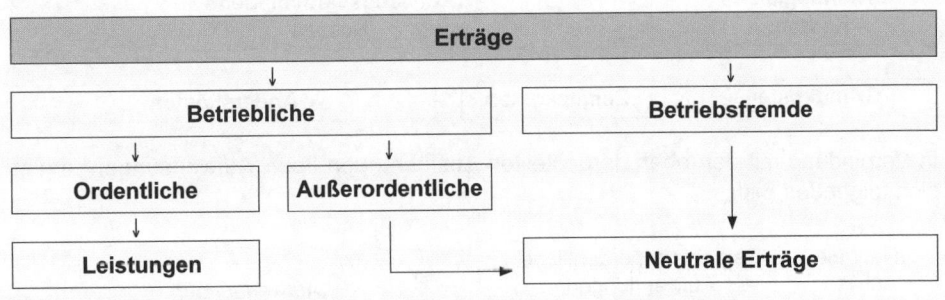

Kosten	sind der tatsächliche Werteverzehr für Zwecke der Leistungserstellung. Ein Teil der Kosten kann unmittelbar aus der Finanzbuchhaltung übernommen werden; Aufwand und Kosten sind hier gleich; dies ist der so genannte Zweckaufwand = Grundkosten.

Für die Erfassung des tatsächlichen Werteverzehrs reicht dies jedoch nicht aus. Es müssen weiterhin unterschieden werden:

Zusatz-kosten	Es gibt auch Kosten, denen kein Aufwand gegenübersteht (der Werteverzehr führt nicht zu Ausgaben). Sie heißen daher *aufwandslose Kosten* und zählen zur Kategorie der Zusatzkosten.
	Beispiel: *Kalkulatorischer Unternehmerlohn*: Bei einem Einzelunternehmen erbringt der Inhaber durch seine Tätigkeit im Betrieb eine Leistung. Dieser Leistung steht jedoch keine Lohnzahlung (= Kosten) gegenüber. Damit trotzdem die Äquivalenz von Kosten und Leistungen gesichert ist, wird „kalkulatorisch" der Werteverzehr der Unternehmertätigkeit berechnet und in die KLR als „kalkulatorischer Unternehmerlohn" eingestellt.
Anders-kosten	Bei den Anderskosten liegen zwar Aufwendungen vor, jedoch entsprechen die Zahlen der Finanzbuchhaltung nicht dem tatsächlichen Werteverzehr und müssen deshalb „anders" in der KLR berücksichtigt werden. Man nennt sie daher Anderskosten *bzw. aufwandsungleiche Kosten (Aufwand ≠ Kosten)*.
	Beispiel: In der Finanzbuchhaltung wurde der Aufwand für den Werteverzehr der Anlagen (bilanzielle Abschreibung) gebucht. Diese Zahlen können jedoch z. B. nicht in die KLR übernommen werden, weil der tatsächliche Werteverzehr anders ist. Aus diesem Grunde wird ein anderer Berechnungsansatz gewählt („kalkulatorischer Wertansatz" → kalkulatorische Abschreibung). Analog berücksichtigt man z. B. kalkulatorische Wagnisse.

Die nachfolgende Übersicht zeigt die Kosten im Sinne der Kosten- und Leistungsrechnung:

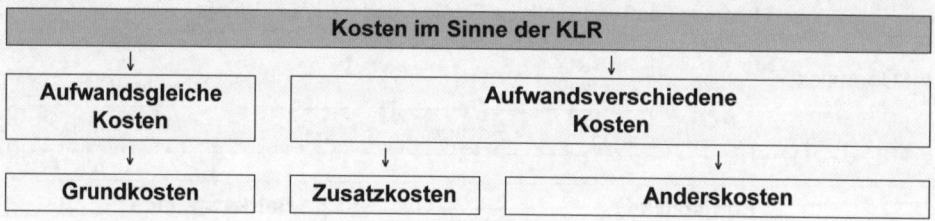

In Verbindung mit den oben dargestellten Ausführungen über „Aufwendungen" ergibt sich folgendes Bild:

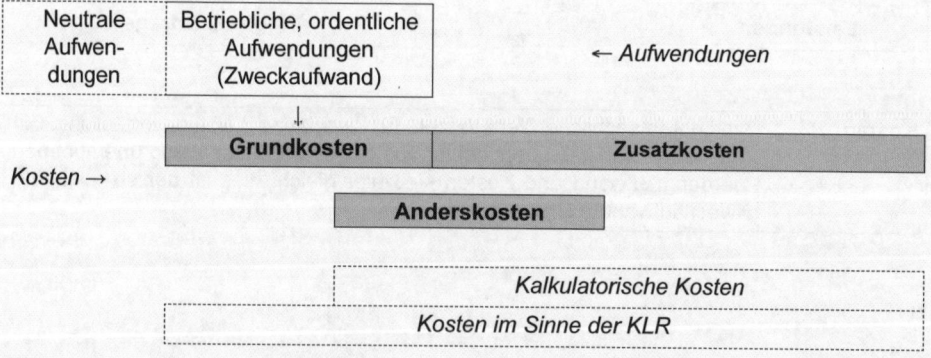

Leistungen	sind betriebsbedingte Erträge. Dies sind in erster Linie die Erträge aus Absatzleistungen sowie der Mehrbestand an Erzeugnissen (= Fertigung auf Lager). Daneben kann es z.B. vorkommen, dass der Vorgesetzte den Bau einer Vorrichtung für Montagezwecke durch eigene Leute veranlasst; diese Vorrichtung verbleibt im Betrieb und wird nicht verkauft: Es liegt also ein betrieblich bedingter Werteverzehr (= Kosten, z.B. Material- und Lohnkosten) vor, dem jedoch keine Umsatzerlöse gegenüberstehen. Von daher wird diese innerbetriebliche Leistungserstellung als „kalkulatorische Leistungserstellung" in die KLR eingestellt (vgl. dazu analog: kalkulatorischer Unternehmerlohn).

Bei den Leistungen wird also unterschieden:

Absatzleistungen	Umsatzerlöse für Erzeugnisse, Dienstleistungen und Handelsware
Lagerleistungen	Erhöhung der Bestände an fertigen/unfertigen Erzeugnissen
innerbetriebliche Leistungen	Eigenleistungen

In Verbindung mit der oben dargestellten Abbildung „Aufwendungen" ergibt sich folgende Struktur der Leistungen:

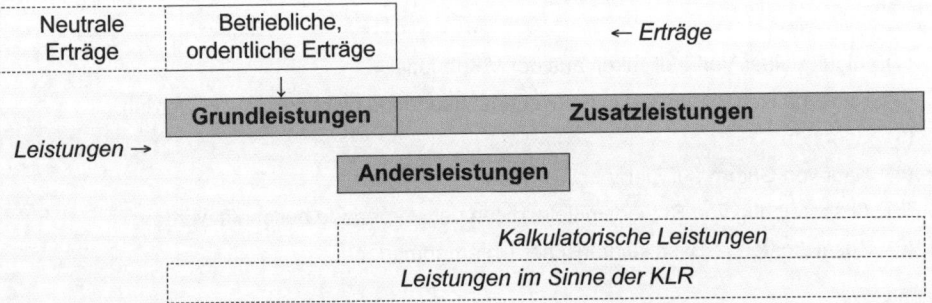

03. Auszahlungen, Ausgaben, Aufwendungen und Kosten

Im Überblick:

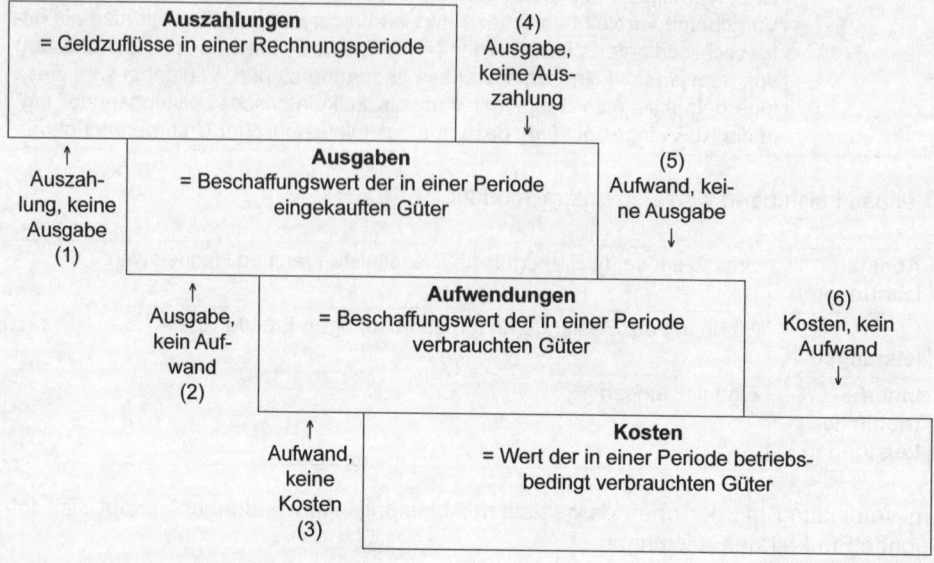

Vorgänge (1) bis (6):

(1) Tilgung einer Verbindlichkeit aus der Vorperiode

(2) Kauf von Rohstoffen, die in der Rechnungsperiode nicht verbraucht werden.

(3) Spenden

(4) Kauf von Gütern auf Ziel

(5) Abschreibung von Betriebsmitteln, die in der Vorperiode beschafft wurden.

(6) Zusatzkosten, z. B. kalkulatorischer Unternehmerlohn

04. Einzahlungen, Einnahmen, Erträge und Leistungen

Im Überblick:

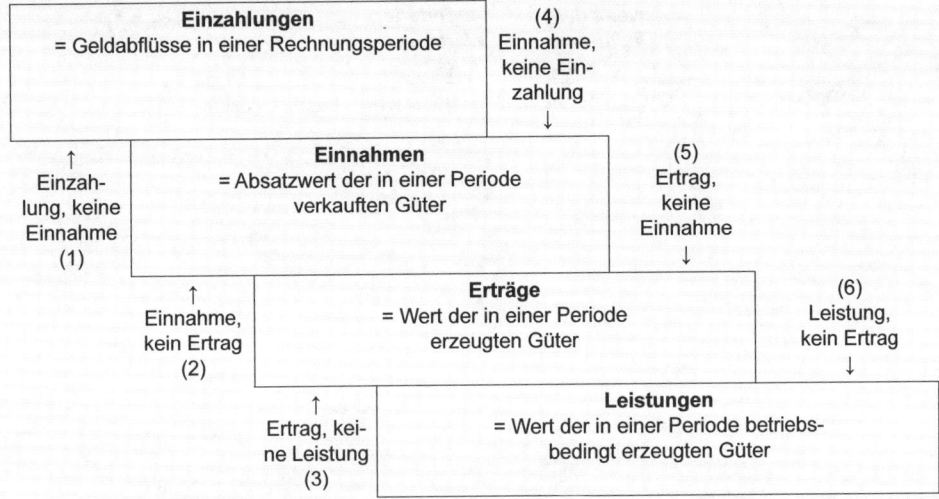

Vorgänge (1) bis (6):

(1) Bezahlung einer Kundenrechnung aus der Vorperiode

(2) Verkauf von Produkten aus der Vorperiode zu Herstellungskosten

(3) Betriebsfremde Erträge, z. B. Mieterträge aus einem nicht betriebsnotwendigen Gebäude

(4) Verkauf von Gütern auf Ziel

(5) Bestandserhöhung an Erzeugnissen

(6) Erhöhung des originären Firmenwertes

05. Abgrenzungsrechnung

Den Hauptteil der relevanten Informationen erhält der Kostenrechner aus der Finanzbuchhaltung (FiBu), die die Aufwendungen und Erträge einer Abrechnungsperiode erfasst. Aufgabe des Kostenrechners ist es, die Aufwendungen und Erträge auszusondern, die nicht betrieblich bedingt sind sowie kostenrechnerische Korrekturen durchzuführen. Diese Abgrenzungsrechnung ist das Bindeglied zwischen der FiBu und der KLR und kann in folgenden Schritten durchgeführt werden – dargestellt am Beispiel der Kostenermittlung:

1	Aus den gesamten Aufwendungen der Abrechnungsperiode sind die *neutralen Aufwendungen* auszusondern.
2	Von den Zweckaufwendungen sind die *Grundkosten* unverändert zu übernehmen.
3	Die übrigen *Zweckaufwendungen* werden nicht mit dem Wert der FiBu übernommen; es wird ein geeigneter Wert veranschlagt.
4	Aufwendungen, die nicht in der FiBu erfasst wurden, sind als *Zusatzkosten* zu übernehmen.

Im Überblick:

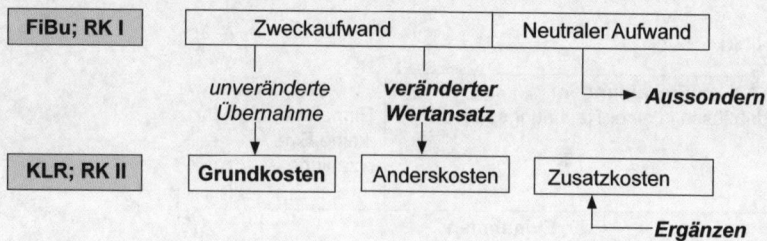

2 Kostenartenrechnung

01. Kostenarten

	Kostenart	Einzel-kosten	Gemein-kosten	Sonder-einzelkos-ten der Fertigung	Sonder-einzelkos-ten des Vertriebs
1	Mietkosten für ein Ladengeschäft		X		
2	Transportversicherung für den Auftrag 0118-66				X
3	Lizenzgebühren für Bauteil 5518			X	
4	Honorar an den Steuerberater		X		
5	Monteurlohn für Auftrag 2955-67	X			
6	Abschreibungskosten für Maschine DN 4		X		
7	Betriebsstoffkosten für Mai 20..		X		
8	Rohstoffkosten für Mai 20..	X			
9	Hilfsstoffkosten für Mai 20..		X		
10	Lohnkosten für allgemeine Gewährleistungsarbeiten		X		

02. Wagniskosten-Zuschlag

a) $\dfrac{\text{Vorräteverlust} \cdot 100}{\text{Wareneinsatz}}$ = Wagniskostenzuschlag

$\dfrac{35.000 \cdot 100}{2.500.000}$ = 1,4 %

b) Auf den Wareneinsatz ist in der Kalkulation ein Wagniskostenzuschlag von 1,4 % zu verrechnen.

03. Kostenstrukturkennzahlen

Kostenart	€	Anteil	Einzelkosten (EK)	Gemeinkosten (GK)
Materialkosten	80.000	100,00 %		
- Rohstoffe	70.000	87,50 %	X	
- Hilfsstoffe	8.000	10,00 %		X
- Betriebsstoffe	2.000	2,50 %		X

Der Tabelle kann folgende Kostenstruktur entnommen werden:

- Struktur der Materialkosten in Roh-, Hilfs- und Betriebsstoffe:
  R : H : B = 0,875 : 0,1 : 0,025

  Grafisch:

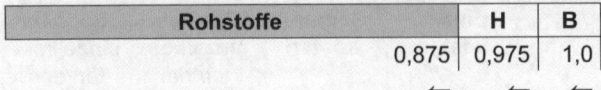

Rohstoffe	H	B
0,875	0,975	1,0

  ← ← ←

  Verändert sich diese Kostenstruktur – bei unveränderten Produktionsverhältnissen – so sind die Ursachen zu ermitteln, z. B. Veränderung der Mengen- und/oder Wertstrukturen.

- Verhältnis der Gemeinkosten (GK) zu den Einzelkosten (EK): 1 : 7
  = 14,2857 %

  Grafisch:

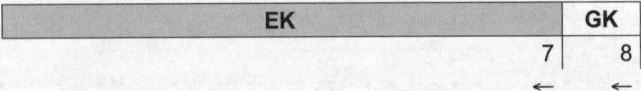

EK	GK
7	8

  ← ←

04. Verfahren der Kostenrechnung (Vergleich)

- *Die Istkostenrechnung:*

  In der Istkostenrechnung werden nur die tatsächlich angefallenen Kosten erfasst; ihre Hauptaufgabe ist die Kostenerfassung und ihre Zuteilung auf die verschiedenen Waren.

- *Die Normalkostenrechnung:*

  Ihr Kennzeichen ist das Rechnen mit festen Verrechnungspreisen für den Wareneinsatz, die Ermittlung von festen Verrechnungssätzen bei der Kostenzurechnung auf die Kostenstellen sowie die Ermittlung fester Kalkulationssätze für die Kostenträger.

- *Die Plankostenrechnung:*

  Sie untersucht als Bestandteil der Unternehmensplanung alle Kostensätze weitgehend unabhängig von früheren Entwicklungen im Hinblick auf ihre voraussichtliche künftige Entwicklung.

- *Teilkostenrechnung:*

  Während bei der Vollkostenrechnung die effektiven oder die geplanten Kosten vollständig den Kostenträgern zugerechnet werden, werden bei der Teilkostenrechnung von den effektiven oder geplanten Kosten nur diejenigen Kosten den Kostenträgern zugerechnet, die von ihnen direkt verursacht worden sind. Die Teilkostenrechnung wird auch als Deckungsbeitragsrechnung bezeichnet. Mithilfe der Teilkostenrechnung werden die Gesamtkosten in direkt und in nicht direkt zurechenbare Kosten aufgespalten und nur die direkt zurechenbaren Kosten verrechnet. Die Differenz zwischen den Umsatzerlösen (der Leistung) und den direkten Kosten ist der Deckungsbeitrag des Kosten- und Leistungsträgers. Die Summe der Deckungsbeiträge soll die verbleibenden indirekten Kosten und den Gewinn abdecken. Die Teilkostenrechnung verfolgt aber auch das Ziel, eine kurzfristige Ergebnisrechnung für die einzelnen Waren, Warengruppen oder Abteilungen des Unternehmens sowie für das gesamte Unternehmen zu ermitteln.

3 Kostenstellenrechnung

01. BAB, Kostenumlage, Zuschlagssätze, Selbstkosten

a) und b)

Angaben in €

Erweiterter, mehrstufiger BAB				Metallbau GmbH			Monat:		Juni
Schlüssel 1	cbm		1.400	2.400	1.600	400	2.000		400
Schlüssel 2	Verhältnis			2	1				

(Angaben in €)

Kostenstellen	Summen	Allgem. Kosten- stelle	Material	Fertigung		Fertig.hilfs- stelle	Verwaltung	Vertrieb
				I	II			
vorläufige Werte	351.000	18.000	8.000	130.000	65.000	25.000	45.000	60.000
Umlageschlüssel 1		→	3.073	5.268	3.512	878	4.390	878
Zwischensummen	351.000		11.073	135.268	68.512	25.878	49.390	60.878
Umlageschlüssel 2				17.252	8.626	↵		
Endsummen	351.000		11.073	152.520	77.138		49.390	60.878
			MGK	FGK I	FGK II		VwGK	VtrGK
Zuschlagsgrundlagen			80.000	350.000	110.000		780.731	780.731
			MEK	FEK I	FEK II		HK d. U.[1]	
Ist-Zuschlagssätze			**13,84 %**	**43,58 %**	**70,13 %**		**6,33 %**	**7,80 %**

[1] Nebenrechnung:

	80.000
	350.000
	110.000
	11.073
	152.520
	77.138
HK d. Umsatz (in €)	780.731

(Angaben in €)

c)				
	MEK		300,00	
+	MGK	13,84 %	41,52	
=	**MK**			**341,52**
	FEK, Stufe I		800,00	
+	FGK, Stufe I	43,58 %	348,64	
+	FEK, Stufe II		300,00	
+	FGK, Stufe II	70,13 %	210,39	
+	SEK/F		100,00	
=	**FK**			**1.759,03**
	HK			**2.100,55**
+	VwGK	6,33 %		132,96
	VtrGK	7,80 %		163,84
+	SEK/V			85,15
=	**SK**			**2.482,50**

02. Innerbetriebliche Leistungsverrechnung

von ↓ an →	H1	H2	H3	∑	K_j	fix	variabel
H1	50 Std.	60 Std.	100 Std.	210 Std.	40.000 €	20.000 €	20.000 €
H2	80 Std.	20 Std.	100 Std.	200 Std.	40.200 €	10.200 €	30.000 €

Summe   130 Std.   80 Std.

a) Nach dem Gleichungsverfahren gilt:

Gesamtkosten der Stelle j   = primäre und sekundäre Stellenkosten

$$q_j\, b_j = K_j + \sum q_j b_j$$

k_j = Gesamtleistung der Stelle j
b_j = empfangene Leistung von Stelle k
q_j = Verrechnungssatz

Aus der Tabelle ergeben sich folgende Gleichungssysteme für q_j auf Teilkostenbasis:

$$210q_1 \quad = \quad 40.000 - 20.000 + 50q_1 + 80q_2 \quad (1)$$

$$200q_2 \quad = \quad 40.200 - 10.200 + 60q_1 + 20q_2 \quad (2)$$

$$\Rightarrow 160q_1 \quad = \quad 20.000 + 80q_2 \quad (1)$$

$$180q_2 \quad = \quad 30.000 + 60q_1 \quad (2)$$

aus (1) und (2) folgt: q_1 =   250 €

q_2 =   250 €

b) Nach dem Anbauverfahren gilt:

$$q_j = \frac{K_j}{b_j - \sum b_{jk}} \qquad \sum b_{jk} = \text{Leistungsabgabe}$$

Auf Teilkostenbasis ergeben sich folgende Verrechnungspreise:

$$q_1 = \frac{40.000 - 20.000}{100} = 200\ €$$

$$q_2 = \frac{40.200 - 10.200}{100} = 300\ €$$

c) Nach dem Stufenleiterverfahren gilt:
   - Anordnung der Stellen nach dem Umfang der Leistungsbeziehungen;
   - die Kosten derjenigen Stellen, die am wenigsten Leistungen von anderen Stellen empfangen, werden zuerst verrechnet. In diesem Fall ist dies H2.
   - Der Verrechnungspreis q_j ergibt sich aus

primäre Kosten der Stelle j +	Wert der von vorgelagerten Stellen empfangenen Leistungen
Leistungsmengenabgabe an nachgelagerte Stellen	

Auf Teilkostenbasis ergeben sich folgende Verrechnungspreise:

$$q_2 = \frac{K_2}{b_2 - b_{22}} = \frac{30.000}{200 - 20} = 166,67 \ \euro$$

$$q_1 = \frac{K_1 + q_2 b_{21}}{b_1 - b_{11} - b_{12}} = \frac{20.000 + 166,67 \cdot 80}{210 - 50 - 60} = 333,33 \ \euro$$

03. Variator

a) Bei der Zehnerschreibweise ist der Variator definiert als der Quotient aus den variablen Plankosten und den Plankosten multipliziert mit dem Wert 10:

$\text{Variator} = \dfrac{\text{variable Plankosten} \cdot 10}{\text{Plankosten}}$	$\text{Variable Plankosten} = \dfrac{\text{Variator} \cdot \text{Plankosten}}{10}$
$V = \dfrac{K_{V/Plan} \cdot 10}{K_{Plan}}$	$K_{V/Plan} = \dfrac{V \cdot K_{Plan}}{10}$

Der Variator ist eine Kennzahl, die angibt wie viel Prozent die variablen Kosten an den geplanten Gesamtkosten ausmachen, sofern die Planbeschäftigung realisiert wird und die Gesamtkostenfunktion linear ist.

b) Berechnung und Erläuterung für die Kostenarten 1, 6 und 8:

Beispiel:

Kostenart	$K = K_v + K_f$	**Variator**	K_v	K_f	Erläuterung
1 Fertigungs-löhne	10.000	**10**	10.000	0	Bei einer Beschäftigungsänderung um 10 % ändern sich die Gesamtkosten um 10 %. Die Gesamtkosten sind zu 100 % variabel.
6 Werkzeuge	400	**8**	320	80	Bei einer Beschäftigungsänderung um 10 % ändern sich die Gesamtkosten um 8 %. Das heißt: 80 % = variabel 20 % = fix
8 Kalkulatorische Zinsen	2.400	**0**	0	2.400	Bei einer Beschäftigungsänderung um 10 % ändern sich die Gesamtkosten um 0 %. Die Gesamtkosten sind zu 100 % fix.

04. Kostenauflösung, Reagibilitätsgrad

a)

$$R = \frac{\text{Prozentuale Kostenänderung}}{\text{Prozentuale Beschäftigungsänderung}} = \frac{10\ \% \cdot 100}{40\ \%} = 25\ \%$$

Es ergibt sich folgende Kostenaufteilung:

Beschäftigung in Stück	Variable Kosten 25 %	Fixe Kosten 75 %	Gesamtkosten 100 %
1.000	10.000	30.000	40.000
1.400	11.000	33.000	44.000

b) Bei linearen Kostenfunktionen sind die Grenzkosten K' gleich den variablen Stück-kosten k_v. Sie lassen sich über den Differenzenquotienten berechnen:

$$K' = \quad k_v$$

$$K' = k_v = \frac{K_2 - K_1}{x_2 - x_1} = \frac{44.000\ € - 40.000\ €}{1.400\ \text{Stück} - 1.000\ \text{Stück}} = 10,00\ €/\text{Stück}$$

Der Fixkostenbestandteil K_f an den Gesamtkosten K ergibt sich als:

$$K_f = K_1 - (k_v \cdot x_1)$$

$$= 40.000\ € - (10,00\ €/\text{Stück} \cdot 1.000\ \text{Stück})$$

$$= 30.000\ €$$

oder:

$$K_f = K_2 - (k_v \cdot x_2)$$

$$= 44.000\ € - (10,00\ €/\text{Stück} \cdot 1.400\ \text{Stück})$$

$$= 30.000\ €$$

05. Einfacher BAB, Aufteilung der Gemeinkosten

Die Verteilung der Gemeinkosten auf die Kostenstellen erfolgt beim einfachen BAB in folgenden Schritten:

1. Erstellen des BAB- Schemas
2. Verteilung der Gemeinkosten nach den vorgegebenen Schlüsseln
3. Addition der Kosten der Hauptkostenstellen
4. Probe: Die Summe aller Gemeinkosten aus der Buchhaltung ist gleich der Summe aller Kosten der Hauptkostenstellen.

Einfacher BAB						
Gemein-kosten	**Zahlen der Buchhaltung**	**Verteilungs-schlüssel**	**Hauptkostenstellen**			
			Material	**Fertigung**	**Verwaltung**	**Vertrieb**
Gemein-kosten-material	9.600	3 : 6 : 2 : 1	2.400	4.800	1.600	800
Hilfs-löhne	36.000	2 : 14 : 5 : 3	3.000	21.000	7.500	4.500
Sozial-kosten	6.600	1 : 3 : 1,5 : 0,5	1.100	3.300	1.650	550
Steuern	23.100	1 : 3 : 5 : 2	2.100	6.300	10.500	4.200
Sonstige Kosten	7.000	2 : 4 : 5 : 3	1.000	2.000	2.500	1.500
AfA	8.400	2 : 12 : 6 : 1	800	4.800	2.400	400
Summen	**90.700**		**10.400**	**42.200**	**26.150**	**11.950**

06. Mehrstufiger BAB, Aufteilung der Gemeinkosten

Die Verteilung der Gemeinkosten auf die Kostenstellen erfolgt beim mehrstufigen BAB in folgenden Schritten:

1. Erstellen des BAB-Schemas
2. Verteilung der Gemeinkosten nach den vorgegebenen Schlüsseln
3. Umlage der Allgemeinen Kostenstelle
4. Umlage der Hilfskostenstelle
5. Addition der Kosten der Hauptkostenstellen
6. Probe: Die Summe aller Gemeinkosten aus der KLR ist gleich der Summe aller Kosten der Hauptkostenstellen.

Mehrstufiger BAB								
Gemeinkosten	Zahlen der KLR	Allgemeine Kosten-stelle	Hilfskos-tenstelle	Material	Fertigungsstellen		Verwal-tung	Vertrieb
					A	B		
GKM	50.000	3.125	9.375	25.000	12.500	–	–	–
Gehälter	200.000	16.000	32.000	24.000	24.000	16.000	64.000	24.000
Sozialkosten	45.000	3.600	7.200	5.400	5.400	3.600	14.400	5.400
Steuer	60.000	5.000	10.000	15.000	10.000	5.000	10.000	5.000
AfA	160.000	12.800	25.600	38.400	44.800	12.800	19.200	6.400
Summe	515.000	40.525	84.175					
Umlage der Allgemeinen Kostenstelle ↳		4.863	12.157,50	8.105,00	6.484,00	4.863,00	4.052,50
Summe			89.038					
Umlage der Fertigungshilfskostenstelle ↳					53.422,80	35.615,20		
Summe				119.957,50	158.227,80	79.499,20	112.463,00	44.852,50

07. Kostenauflösung

a) Rechnerisch wird die Lösung mithilfe des Differenzenquotienten ermittelt:

$$K' = k_v = \frac{K_2 - K_1}{B_1 - B_2} = \frac{20.000 \text{ €/Monat} - 15.000 \text{ €/Monat}}{540 \text{ h/Monat} - 290 \text{ h/Monat}}$$

$$= \frac{5.000 \text{ €}}{250 \text{ h}} = 20,00 \text{ €/h}$$

Der Fixkostenbestandteil K_f an den Gesamtkosten K ergibt sich als:

$$K_f = K_1 - (k_v \cdot B_1)$$

$$= 15.000 \text{ €} - (20,00 \text{ €/h} \cdot 290 \text{ h})$$

$$= 9.200 \text{ €/Monat}$$

oder:

$$K_f = K_2 - (k_v \cdot B_2)$$

$$= 20.000 \text{ €} - (20,00 \text{ €/h} \cdot 540 \text{ h})$$

$$= 9.200 \text{ €/Monat}$$

b) Die Sollkostenfunktion ist:

$$K_{Soll} = 20 \text{ B} + 9.200 \text{ €}$$

c) Grafische Lösung:

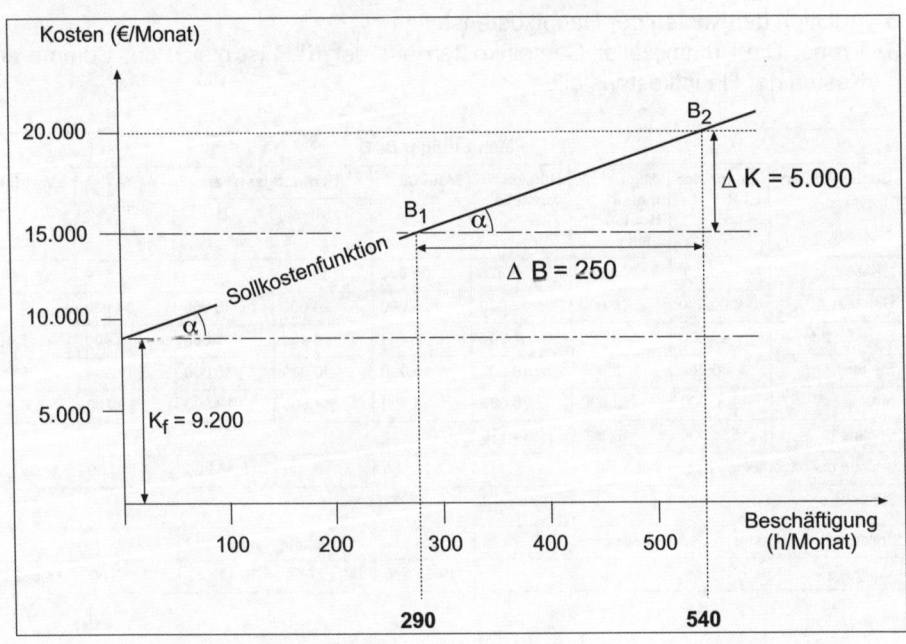

4 Kostenträgerrechnung

4.1 Kostenträgerstückrechnung (Kalkulation)

4.1.1 Divisionskalkulation

01. Veränderung der Selbstkosten

Im Juni d. J. gilt:

$$\text{Stückkosten} = \frac{K}{x}\ \text{€/E} = 500.000\ \text{€} : 50.000\ \text{E} = 10,00\ \text{€/E}$$

Im Oktober d. J. gilt:

$$\text{Stückkosten} = \frac{K_H}{x_P} + \frac{K_{Vertr.} + K_{Verw.}}{x_A} = \frac{400.000\ \text{€}}{50.000\ \text{E}} + \frac{100.000\ \text{€}}{35.000\ \text{E}} = 10,86\ \text{€/E}$$

Die Produktion, die im Oktober d. J. zum Teil auf Lager genommen werden musste, erhöhte die Stückkosten um 8,6 % und verschlechterte die Liquidität.

02. Selbstkosten pro Stück

$$\text{Selbstkosten pro Stück} = \frac{240.000\ \text{€}}{1.200\ \text{Stück}} + \frac{120.000\ \text{€}}{1.000\ \text{Stück}} = 200\ \text{€/Stk.} + 120\ \text{€/Stk.}$$

$$= 320\ \text{€/Stk.}$$

4.1.2 Äquivalenzziffernkalkulation

01. Einstufige Äquivalenzziffernkalkulation, Betriebsergebnis

Blechsorte	Menge (t)	Äquivalenzziffer	Recheneinheiten	Sortenkosten (€)	HK/F (€/t)
ST 60–01	200	1	200	41.200,00	206,00
ST 60–08	150	6	900	185.400,00	1.236,00
ST 60–05	100	4	400	82.400,00	824,00
ST 60–02	120	2	240	49.440,00	412,00
Summe			1.740	358.440,00	

VwVtrGK-Zuschlag = 71.688,00 · 100 : 358.440,00 = 20,00 %

Blechsorte	Menge (t)	HK/F (€/t)	VwVtrGK (€/t)	SK (€/t)	Erlöse (€/t)	Ergebnis (€/t)	Ergebnis gesamt (€)
ST 60–01	200	206,00	41,20	247,20	300,00	52,80	10.560,00
ST 60–08	150	1.236,00	247,20	1.483,20	1.400,00	– 83,20	– 12.480,00
ST 60–05	100	824,00	164,80	988,80	1.100,00	111,20	11.120,00
ST 60–02	120	412,00	82,40	494,40	550,00	55,60	6.672,00
Betriebsergebnis							15.872,00

02. Einstufige Äquivalenzziffernkalkulation

	Produzierte Menge	Äquivalenz-ziffer	Rechen-einheiten	Stück-kosten	Gesamt-kosten
	Stück			in Euro/Stück	in Euro
Sorte	(1)	(2)	(3)	(4)	(5)
I	30.000	1,0	30.000	1,20	36.000
II	15.000	1,4	21.000	1,68	25.200
III	20.000	1,8	36.000	2,16	43.200
Summe			87.000		104.400

Rechenweg:

1. Ermittlung der Äquivalenzziffern bezogen auf die Einheitssorte.

2. Die Multiplikation der Menge je Sorte mit der Äquivalenzziffer ergibt die Rechenein-heit je Sorte (= Umrechnung der Mengen auf die Einheitssorte).

3. Die Division der Gesamtkosten durch die Summe der Recheneinheiten (RE) ergibt die *Stückkosten der Einheitssorte*: 104.400 € : 87.000 RE = 1,20 €/Stk.

4. Die Multiplikation der Stückkosten der Einheitssorte mit der Äquivalenzziffer je Sorte ergibt die Stückkosten je Sorte: 1,20 · 1,4 = 1,68

5. Spalte (5) zeigt die anteiligen Gesamtkosten je Sorte (z. B.: 1,68 · 15.000 = 25.200). Die Summe muss den gesamten Produktionskosten entsprechen (rechnerische Probe der Verteilung).

03. Mehrstufige Divisionskalkulation mit Äquivalenzziffern

Das Verfahren wird wie bei der einstufigen Methode durchgeführt – nur in zwei aufei-nander folgenden Schritten.

In der ersten Produktionsstufe ergeben sich folgende Stückkosten:

Stufe I					
Sorte	Produzierte Menge (Stück)	Äquivalenz-ziffer	Rechen-einheiten	Stückkosten (€/Stück)	Gesamt-kosten (€)
A	4.000	0,5	2.000	**15,15**	60.600
B	4.000	2,0	8.000	**60,60**	242.400
C	6.000	3,0	18.000	**90,90**	545.400
D	5.000	1,0	5.000	**30,30**	151.500
Σ			33.000		999.900

Kosten je Recheneinheit: 999.900 : 33.000 = 30,30

In der zweiten Produktionsstufe ergeben sich folgende Stückkosten:

Stufe II					
Sorte	Produzierte Menge (Stück)	Äquivalenz-ziffer	Rechen-einheiten	Stückkosten (€/Stück)	Gesamt-kosten (€)
A	4.000	0,5	2.000	**9,75**	39.000
B	4.000	1,0	4.000	**19,50**	78.000
C	6.000	2,0	12.000	**39,00**	234.000
D	5.000	1,0	5.000	**19,50**	97.500
Σ			23.000		448.500

Kosten je Recheneinheit: 448.500 : 23.000 = 19,50

In der Summe ergeben sich die Herstellkosten je Stück je Sorte:

Sorte	Stückkosten Stufe I	Stückkosten Stufe II	Stückkosten gesamt	Gesamtkosten
A	15,15	9,75	**24,90**	99.600
B	60,60	19,50	**80,10**	320.400
C	90,90	39,00	**129,90**	779.400
D	30,30	19,50	**49,80**	249.000
				1.448.400

4.1.3 Zuschlagskalkulation

01. Zuschlagskalkulation mit Maschinenstundensatz (1)

a)

Kalkulationsschema	€/a	Zuschlags-satz	Stunden	Stunden-satz €/Std.
Fertigungsmaterial	650.000			
+ Materialgemeinkosten	97.500	15 %		
+ Fertigungslohn	132.480		5.520	24,00
+ Restfertigungsgemeinkosten	158.976	120 %		
+ maschinenabhängige FGK	2.649.600		22.080	120,00
= Herstellkosten der Fertigung	3.688.556			
− Bestandserhöhung/fert. Erz.	28.556			
+ Bestandsminderung/unf. Erz.	40.000			
= Herstellkosten des Umsatzes	3.700.000			
+ Verwaltungsgemeinkosten	74.000	2 %		
+ Vertriebsgemeinkosten	185.000	5 %		
= **Selbstkosten des Umsatzes**	**3.959.000**			

b)

Kalkulationsschema	€	Zuschlags-satz	Stunden	Stunden-satz €/Std.
Fertigungsmaterial	120,00			
+ Materialgemeinkosten	18,00	15 %		
+ Fertigungslohn	28,80		1,20	24,00
+ Restfertigungsgemeinkosten	34,56	120 %		
+ maschinenabhängige FGK	300,00		2,50	120,00
= Herstellkosten der Fertigung	501,36			
+ Verwaltungsgemeinkosten	10,03	2 %		
+ Vertriebsgemeinkosten	25,07	5 %		
= Selbstkosten des Umsatzes	536,46			
+ Gewinn	80,47	15 %	Berechnungshinweise:	
= Barverkaufspreis	616,93		= 95 %	
+ Kundenskonto	12,99	2 %	↓	
+ Vertriebsprovision	19,48	3 %	↓	
= Zielverkaufspreis	649,40		= 100 %	= 90 %
+ Kundenrabatt	72,16	10 %		↓
= Angebotspreis (Listennettopreis)	721,56			= 100 %

02. Zuschlagskalkulation mit Maschinenstundensatz (2)

	Materialeinzelkosten		160,00
+	Materialgemeinkosten	30 %	48,00
=	**Materialkosten**		**208,00**
	Fertigungslöhne	200 € : 25	8,00
+	Restgemeinkosten	120 %	9,60
+	Maschinenkosten	1)	59,40
=	**Fertigungskosten**		**77,00**
=	**Herstellkosten der Fertigung pro Stück**		**285,00**

1) Bearbeitungskosten = 15 min · 25 Stk. · 180 €/Std. : 60 min. = 1.125,00 €

   Rüstkosten = 2 Std. · 180 €/Std. = 360,00 €

   Maschinenkosten = 1.485,00 €

   Maschinenkosten/Stk. = 1.485,00 € : 25 Stk. = 59,40 €/Stk.

03. Maschinenstundensatzberechnung

a)

1. kalkulatorische Zinsen $= \dfrac{200.000}{2} \cdot \dfrac{6}{100}$

   $= 6.000 €$

2. kalkulatorische AfA $= \dfrac{240.000}{10}$

   $= 24.000 €$

3. Raumkosten $= 4.000 €$

4. Energiekosten $= 11 \text{ kWh} \cdot 0,12 €/\text{kWh} \cdot 2.000 \text{ Std. p.a.} + 220 €$

   $= 2.860 €$

5. Instandhaltungskosten $= 6.000 €$

6. Werkzeugkosten $= 10.000 €$

lfd. Nr.	maschinenabhängige Fertigungsgemeinkosten	€ p.a.
1	kalk. Zinsen	6.000
2	kalk. Abschreibung	24.000
3	Raumkosten	4.000
4	Energiekosten	2.860
5	Instandhaltungskosten	6.000
6	Werkzeugkosten	10.000
	Σ	52.860
	Maschinenstundensatz	
	= 52.860 € : 2.000 Std. =	**26,43 €/Std.**

b)

$$\text{kalkulatorische AfA (neu)} \quad = \quad \frac{300.000\ €}{6} \quad = \quad 50.000\ € \text{ p.a.}$$

$$\text{kalkulatorische AfA/Std. (neu)} = \quad 50.000 : 1.600 \quad = \quad 31,25\ €/\text{Std.}$$

$$\text{Maschinenstd.satz(alt)} \quad = \quad 50,00\ €/\text{Std.}$$

$$- \quad \text{kalk. AfA/Std.(alt)} \quad = \quad -18,75\ €/\text{Std.}$$

$$+ \quad \text{kalk. AfA/Std.(neu)} \quad = \quad 31,25\ €/\text{Std.}$$

$$= \quad \text{Maschinenstd.satz}_{(neu)} \quad = \quad 62,50\ €/\text{Std.}$$

$$\Delta \text{ Maschinenstundensatz} \quad = \quad \frac{62,50 - 50,00}{50,00} \cdot 100$$

$$= \quad 25\ \%$$

04. Maschinenstundensatz, Nachkalkulation

a) Maschinenstundensatz, Einschichtbetrieb:

1. $\text{Kalkulatorische AfA} \quad = \quad \dfrac{\text{Wiederbeschaffungskosten}}{\text{Nutzungsdauer}}$

$$= \quad 2.640.000\ € : 8\ \text{Jahre}$$

$$= \quad 330.000\ €$$

2. $\text{Kalkulatorische Zinsen} = \quad \dfrac{\text{Anschaffungskosten}}{2} \cdot \dfrac{\text{Zinssatz}}{100}$

$$= \quad 2.400.000\ € : 2 \cdot 8 : 100$$

$$= \quad 96.000\ €$$

3. Raumkosten   = Raumbedarf in m^2 · Verrechnungssatz/m^2 · 12 Monate

                       = 100 m^2 · 12,00 €/m^2 · 12 Mon.

                       = 14.400 €

4. Energiekosten   = Energieverbrauch/h · Verbrauchskosten/h · Laufleistung in Std./Jahr + Grundgebühr

                       = 11 kWh · 0,16 €/kWh · 1.920 Std. + 800,00 €

                       = 4.179,20 €

5. Instandhaltungskosten   = 6.000 €

Gesamtkosten   = 450.579,20 €

Maschinen-
stundensatz   = Gesamtkosten : Laufzeit in Std.
                       = 450.579,20 € : 1.920 Std.
                       = 234,68 €/Std.

b) Maschinenstundensatz, 2-Schichtbetrieb:

1. Kalkulatorische
Abschreibung   = 2.640.000 € : 4 Jahre
(Variable Kosten)

                       = 660.000 €

2. Kalkulatorische Zinsen   = 2.400.000 € : 2 · 8 : 100
(Fixe Kosten)

                       = 96.000 €

3. Raumkosten   = 100 m^2 · 12,00 €/m^2 · 12
(Fixe Kosten)

                       = 14.400 €

4. Energiekosten   = 11 kWh · 0,16 €/kWh · 1.920 Std. · 2 (Variable Kosten) + 800,00 €

                       = 7.558,40 €

5. Instandhaltungskosten   = 6.000 € · 2

                       = 12.000 €
Gesamtkosten   = 789.958,40 €

Maschinenstundensatz   = Gesamtkosten : Laufzeit in Std.

                       = 789.958,40 € : 3.840 Std.

                       = 205,72 €

Änderungsrate $= \dfrac{x_t - x_0}{x_0} \cdot 100 = \dfrac{205,72 - 234,68}{234,68} \cdot 100$

                 = − 12,34 %

Im 2-Schichtbetrieb verringert sich der Maschinenstundensatz um 12,34 %. Dies begründet sich darin, dass sich die fixen Maschinenkosten auf eine höhere Laufzeit p.a. verteilen (Degression der Fixkosten pro Stunde Laufzeit).

05. Kalkulation bei Kuppelproduktion

a)

MEK	400.000 €		
+ MGK	40.000 €		
= MK		440.000 €	
FEK	80.000 €		
+ FGK	60.000 €		
= FK		140.000 €	
= HK (Umsatz)		580.000 €	
- Erlöse T-PLUS	100.000 €		
= HK (Fertigung)		480.000 €	: 10.000 kg = 48,00 €/kg
+ VwGK	30.000 €		
+ VtGK	20.000 €		
= SK		530.000 €	: 10.000 kg = 53,00 €/kg

b) SK =   48,00 €/kg + (50.000 € : 8.000 kg)
     =   54,25 €/kg

4.2 Kostenträgerzeitrechnung (Kurzfristige Erfolgsrechnung)

01. Ergebnisrechnung nach dem Gesamtkostenverfahren

a) Bearbeitungsschritte:

1. Schema nach dem Gesamtkostenverfahren erstellen

2. Verteilung der Kostensummen je Kostenart auf die Produkte (Kostenträger)

3. Ermittlung des Umsatzergebnisses gesamt und je Produkt:
   Umsatzergebnis = Nettoerlöse – Selbstkosten des Umsatzes

4. Analyse des Ergebnisses

Berechnungsschema	Kostenart	Produkt 1	Produkt 2
MEK	50.000	30.000	20.000
+ MGK, 50 %	25.000	15.000	10.000
= MK	75.000	45.000	30.000
FEK	120.000	80.000	40.000
+ FGK, 120 %	144.000	96.000	48.000
= FK	264.000	176.000	88.000
= HKF	339.000	221.000	118.000
+ BV/Minderbestand	10.000	5.000	5.000
= HKU	349.000	226.000	123.000
+ VwGK, 15 %	52.350	33.900	18.450
+ VtrGK, 5 %	17.450	11.300	6.150
= Selbstkosten des Umsatzes	418.800	271.200	147.600
Umsatzerlöse, netto	450.000	310.000	140.000
Umsatzergebnis	31.200	38.800	– 7.600

Analyse:

1. Das Umsatzergebnis ist insgesamt positiv und beträgt 31.200 €.

2. Das Produkt 1 erwirtschaftet ein positives und das Produkt 2 ein negatives Umsatzergebnis.

3. Mögliche Maßnahmen, z. B.:

   - Senkung der Fertigungskosten für Produkt 2, z. B. Lohnkosten, Materialkosten, Überprüfung der Umlage Verwaltung/Vertrieb, Rationalisierung der Abläufe, Veränderung des Fertigungsverfahrens.
   - Reduzierung der Fertigungsmenge von Produkt 2 zu Gunsten von Produkt 1.

b) Bearbeitungsschritte:

1. Schema nach dem Gesamtkostenverfahren erstellen und Kostensummen verteilen (vgl. Frage/Antwort a).

2. Umsatzergebnis = Nettoerlöse – Selbstkosten des Umsatzes

3. Betriebsergebnis = Umsatzergebnis + Kostenüberdeckung

Begründung: Kalkuliert wurde mit Normal-Zuschlagssätzen. Der BAB weist eine Kostenüberdeckung aus; das heißt, dass die Istkosten geringer sind als die Kalkulation auf Normalkostenbasis ausweist. Demzufolge müssen die Istkosten um den Betrag der Kostenüberdeckung reduziert bzw. das Umsatzergebnis um den Betrag erhöht werden. Analog wäre eine Kostenunterdeckung zu subtrahieren.

4. Betriebsergebnis:

Verrechnete Normalkosten

Berechnungsschema	Kostenart	Produkt 1	Produkt 2
...	...	...	...
= Selbstkosten des Umsatzes	418.800	271.200	147.600
Umsatzerlöse, netto	450.000	310.000	140.000
Umsatzergebnis	31.200	38.800	– 7.600
+ Überdeckung lt. BAB	15.000		
= Betriebsergebnis	46.200		

02. Kostenträgerblatt, Kostenüber-/-unterdeckung, Umsatzergebnis, Wirtschaftlichkeit

a), b) und c)

Kostenträgerblatt o. Muster	Istkosten		Kosten-über-/-un-terdeckung	Normalkosten		Kostenträger		
	€	%		€	%	Produkt 1	Produkt 2	Produkt 3
Fertigungsmaterial	1.670.000			1.670.000		950.000	320.000	400.000
+ MGK	222.000	13,29	-38.300	183.700	11,00	104.500	35.200	44.000
= Materialkosten	1.892.000			1.853.700		1.054.500	355.200	444.000
Fertigungslohn	502.000			502.000		187.000	105.000	210.000
+ FGK	1.400.000	278,88	-145.000	1.255.000	250,00	467.500	262.500	525.000
= Fertigungskosten	1.902.000			1.757.000		654.500	367.500	735.000
= HK der Fertigung	3.794.000			3.610.700		1.709.000	722.700	1.179.000
+ Minderbestand FE	43.300			43.300		0	43.300	0
– Mehrbestand FE	160.500			160.500		40.000	0	120.500
= HK des Umsatzes	3.676.800			3.493.500		1.669.000	766.000	1.058.500
+ VwGK	140.000	3,81	-260	139.740	4,00	66.760	30.640	42.340
+ VtrGK	390.000	10,61	-110.520	279.480	8,00	133.520	61.280	84.680
= Selbstkosten	4.206.800		-294.080	3.912.720		1.869.280	857.920	1.185.520
Netto-Verkaufserlöse	4.860.000			4.860.000		1.400.000	1.540.000	1.920.000
= Umsatzergebnis				947.280		-469.280	682.080	734.480
Überdeckung				0,00				
Unterdeckung				-294.080				
= Betriebsergebnis	653.200			653.200				
Wirtschaftlichkeit						0,75	1,79	1,62
Umsatzrendite, gesamt				13,44 %				

03. Deckungsbeitragsrechnung als Periodenrechnung

Die Deckungsbeitragsrechnung kann als Periodenrechnung (Kostenträgerzeitrechnung) durchgeführt werden (Beispiel: 2-Produkt-Unternehmen):

DBR als Periodenrechnung (Beispiel: 2-Produkt-Unternehmen)					
Produkt 1			Produkt 2		
Erlöse	$x_1 \cdot p_1$	100.000	Erlöse	$x_2 \cdot p_2$	200.000
– variable Kosten	K_{v1}	– 40.000	- variable Kosten	K_{v2}	– 120.000
= DB 1		60.000	= DB 2		80.000
= DB 1 + DB 2		140.000			
– Fixkosten, gesamt		– 70.000			
= Gesamt-Betriebsergebnis, BE		**70.000**			

5 Plankostenrechnung

5.1 Starre Plankostenrechnung

01. Starre Plankostenrechnung

Rechnerische Lösung:

→ Plankostenverrechnungssatz = Plankosten : Planbeschäftigung
= 50.000 €   : 5.000 Std. = 10,00 €/Std.

→ verrechnete Plankosten = 4.000 Std. · 10,00 €/Std. = 40.000 €
oder: = 0,8 · 50.000 € = 40.000 €

→ Abweichung = Istkosten – verrechnete Plankosten
= 30.000 € – 40.000 € = – 10.000 €

Das heißt, es existiert eine Kostenüberdeckung; es wurden mehr Kosten verrechnet
als tatsächlich entstanden sind.

Grafische Lösung:

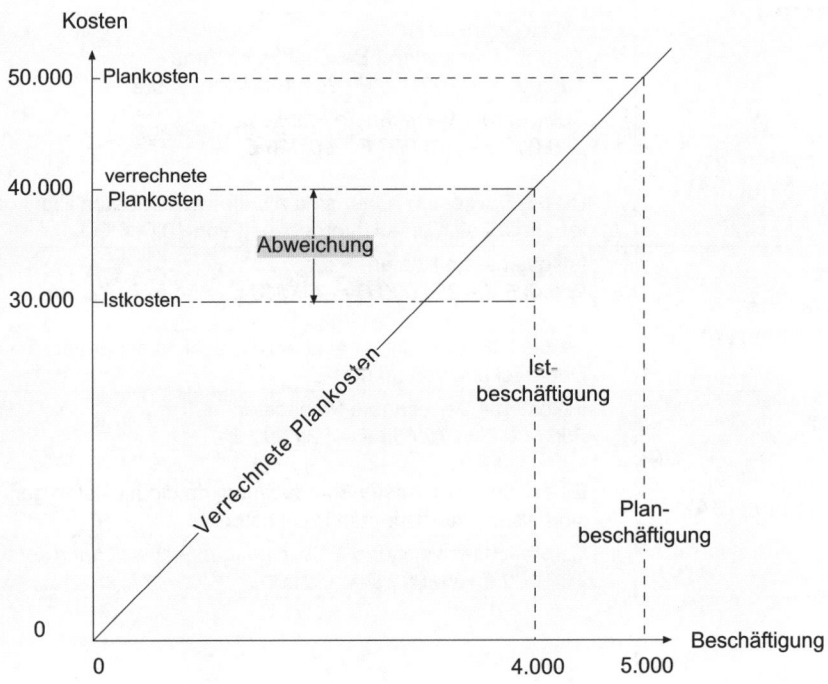

5.2 Flexible Plankostenrechnung

01. Flexible Pankostenrechnung (1)

• **Rechnerische Lösung:**

Proportionaler Plankostenverrechnungssatz	=	Proportionale Plankosten : Planbeschäftigung *200.000 € : 10.000 Std. = 20,00 € Std.*
Fixer Plankostenverrechnungsatz	=	Fixe Plankosten : Planbeschäftigung *100.000 € : 10.000 € = 10,00 €/Std.*
Plankostenverrechnungssatz	=	Proportionaler Plankostenverrechnungssatz + Fixer Plankostenverrechnungssatz *20,00 €/Std. + 10,00 €/Std. = 30,00 €/Std.*
	=	Plankosten : Planbeschäftigung *300.000 € : 10.000 € = 30,00 €/Std.*
Verrechnete Plankosten	=	Istbeschäftigung · Plankostenverrechnungssatz *9.000 Std. · 30,00 €/Std. = 270.000 €*
	=	Plankosten · Beschäftigungsgrad *300.000 € · 90 : 100 = 270.000 €*
Sollkosten	=	Fixe Plankosten + Prop. Plankostenverrechnungssatz · Istbeschäftigung *100.000 + 20,00 €/Std. · 9.000 Std. = 280.000 €*
	=	Fixe Plankosten + Prop. Plankosten · Beschäftigungsgrad *100.000 € + 200.000 € · 90 : 100 = 280.000 €*
Beschäftigungsabweichung (BA)	=	*Sollkosten – Verrechnete Plankosten* *280.000 € – 270.000 € = 10.000 €* Da die Sollkosten höher sind als die verrechneten Plankosten, ergibt sich eine Unterdeckung von 10.000 €.
Verbrauchsabweichung (VA)	=	Istkosten – Sollkosten *250.000 € – 280.000 € = – 30.000 €* Da die Istkosten kleiner sind als die Sollkosten, ergibt sich eine Überdeckung von 30.000 €.
Gesamtabweichung (GA)	=	Istkosten – Verrechnete Plankosten *250.000 € – 270.000 € = – 20.000 €* Es existiert eine Kostenüberdeckung, da die Istkosten geringer sind als die verrechneten Plankosten.
	=	Verbrauchsabweichung + Beschäftigungsabweichung *– 30.000 € + 10.000 € = – 20.000 €*

Grafische Lösung:

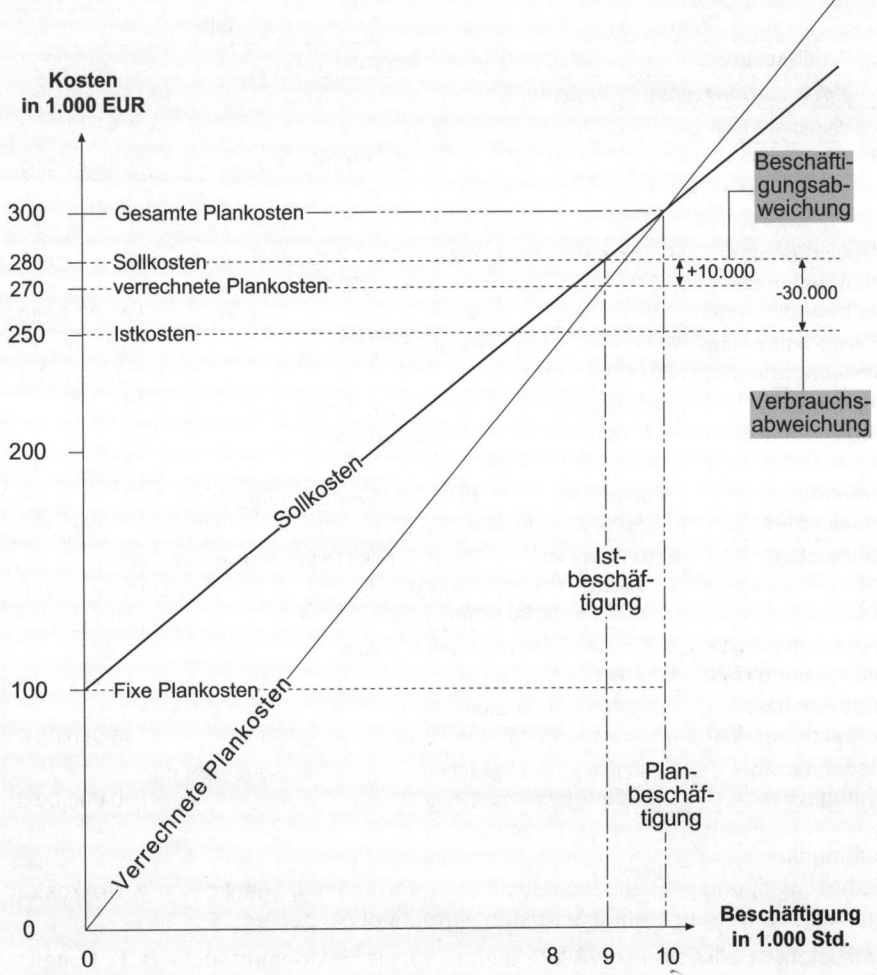

Analyse:

Beschäftigungsabweichung:

Bei einem Beschäftigungsgrad von 90 % betragen die variablen Plankosten 180.000 € und es hätten 100.000 € fixe Kosten berücksichtigt werden müssen. Tatsächlich wurden verrechnet: 180.000 € variable Kosten (200.000 · 90 %) und (nur) 90.000 fixe Kosten (90.000 · 90 %), sodass 10.000 € fixe Kosten zu wenig verrechnet wurden.

Verbrauchsabweichung = – 30.000 €, d. h. es wurden 30.000 € weniger Kosten verbraucht.

02. Flexible Plankostenrechnung (2)

a)

Plan			Ist	
Planfixkosten	25.000 €		Istkosten	85.000 €
+	**variable Plankosten**	**35.000 €**		
=	Plankosten	60.000 €		
Planbeschäftigung	1.000 Std.		**Istbeschäftigung**	**1.250 Std.**

Proportionaler Plankostenverrechnungssatz	Proportionale Plankosten : Planbeschäftigung *35.000 € : 1.000 Std. = 35,00 €/Std. =*	35,00 €/Std.
Fixer Plankostenverrechnungsatz	Fixe Plankosten : Planbeschäftigung *25.000 € : 1.000 Std. =*	25,00 €/Std.
Plankostenverrechnungssatz	Proportionaler Plankostenverrechnungssatz + Fixer Plankostenverrechnungssatz *35,00 €/Std. + 25,00 €/Std. =*	60,00 €/Std.
Verrechnete Plankosten	Istbeschäftigung · Plankostenverrechnungssatz *1.250 Std. · 60,00 €/Std. =*	75.000,00 €
Sollkosten	Fixe Plankosten + Proportionaler Plankostenverrechnungssatz · Istbeschäftigung *25.000 € + 35,00 €/Std. · 1.250 Std. =*	68.750,00 €
Beschäftigungsabweichung (BA)	Sollkosten – Verrechnete Plankosten *68.750 € – 75.000 € =*	– 6.250,00 €
Verbrauchsabweichung (VA)	Istkosten – Sollkosten *85.000 € – 68.750 € =*	16.250,00 €
Gesamtabweichung (GA)	Beschäftigungsabweichung + Verbrauchsabweichung *– 6.250 € + 16.250 € =*	10.000,00 €

b) Kommentar:
- Istbeschäftigung > Planbeschäftigung → verrechnete Plankosten > Sollkosten; günstig, es wurden mehr fixe Kosten verrechnet als geplant.

- Istkosten > Sollkosten → VA > 0; ungünstig; die Faktorverbräuche (z. B. Material, Lohn) sind höher als geplant.

c) Mit dem System der *Grenzplankostenrechnung* (GPKR). Begründung:
Ein Nachteil der flexiblen Plankostenrechnung auf Vollkostenbasis besteht in der rechnerischen Proportionalität der Fixkosten bei Beschäftigungsänderungen.

Die Grenzplankostenrechnung (GPKR) ist eine flexible Plankostenrechnung auf Teilkostenbasis. Es erfolgt ebenfalls eine Trennung in fixe und variable Kosten, jedoch werden bei der GPKR *nur variable Kosten verrechnet*. Die fixen Kosten werden nicht auf die Kostenträger verrechnet, sondern direkt in die Betriebsergebnisrechnung übernommen. Für die kurzfristige Betrachtung sind die fixen Kosten nicht entscheidungsrelevant.

Die (Grenz-)Plankostenverrechnungssätze werden demzufolge nur von den variablen Kosten bestimmt. Sollkosten und verrechnete Plankosten sind identisch. Da nur Grenzkosten auf die Kostenträger verrechnet werden, ist die Beschäftigungsabweichung nicht definiert.

03. Abweichungsanalyse

Für das Logistikzentrum wurden folgende Daten ermittelt:

	Plan	Ist
	(in Mio Euro)	(in Mio Euro)
Umsatz	30,0	25,0
Logistikkosten:	2,5	2,3
- davon: fixe Kosten	1,0	
- davon: variable Kosten	1,5	

a)

Sollkosten = fixe Plankosten + (prop. Plank.v.satz · Istbeschäftigung)

dabei ist:

$$\text{proportionaler Plankostenverrechnungssatz} = \frac{\text{proportionale Kosten}}{\text{Planbeschäftigung}}$$

$$\rightarrow \text{Sollkosten} = 1,0 \text{ Mio.} + (\frac{1,5 \text{ Mio.}}{30,0} \cdot 25,0 \text{ Mio.})$$

$$= 1,0 \text{ Mio.} + 1,25 \text{ Mio.} = 2,25 \text{ Mio. €}$$

b) verrechnete Plankosten = Plankostenverrechnungssatz · Istbeschäftigung

Dabei ist:

Plankostenverrechnungssatz = proportionaler Plankostenverrechnungssatz ׀ fixer Plankostenverrechnungssatz

$$\rightarrow \text{verrechnete Plankosten} = (\frac{1,5 \text{ Mio. €}}{30,0 \text{ Mio. €}} + \frac{1,0 \text{ Mio. €}}{30,0 \text{ Mio. €}})$$

$$= (0,05 \text{ €} + 0,033 \text{ €}) \cdot 25,0 \text{ Mio. €}$$

$$= 2,075 \text{ Mio. €}$$

c) Beschäftigungs-abweichung

= Sollkosten − verrechnete Plankosten

= 2,25 Mio. € − 2,075 Mio. €

= 175.000 €

d) Verbrauchs-abweichung

= Istkosten − Sollkosten

= 2,3 Mio. € − 2,25 Mio. €

= 50.000 €

e) Gesamt-abweichung

= Beschäftigungs- + Verbrauchs-abweichung   abweichung

= 175.000 € + 50.000 €

= 225.000 €

6 Teilkostenrechnung

6.1 Ein- und mehrstufige Deckungsbeitragsrechnung

01. Deckungsbeitragssatz

		Situation vor der Preissenkung	Situation nach der Preissenkung
Marktpreis	p (€)	5,00	4,00
– variable Stückkosten	k_v (€)	2,20	2,20
= Stückdeckungsbeitrag	db (€)	2,80	1,80
→ Deckungsbeitragssatz	db-Satz	56 %	45 %

Der Deckungsbeitragssatz sinkt nach der (marktbedingten) Preissenkung von 56 % auf 45 %.

02. Sicherheitsgrad

		Produkt 1	Produkt 2	Produkt 2
Fixkosten	K_f (€)	20.000	40.000	80.000
Umsatz	p · x (€)	80.000	100.000	150.000
– variable Kosten	K_v (€)	50.000	60.000	90.000
= Deckungsbeitrag	DB (€)	30.000	40.000	60.000
→ Sicherheitsgrad	SG	150 %	100 %	75 %

- Der Sicherheitsgrad von 150 % bei Produkt 1 zeigt, dass 50 % mehr als zur Deckung der Fixkosten erforderlich sind, erzielt werden (Beitrag zur Gewinnerzielung).

  Bei Produkt 2 (Sicherheitsgrad 100 %) reicht der Deckungsbeitrag gerade aus, um die Fixkosten zu decken.

  Bei Produkt 3 ist nur eine Fixkostendeckung von 75 % gegeben.

- Der Sicherheitsgrad ist aussagekräftiger als der Deckungsbeitragssatz (vgl. Frage/ Antwort 01.). Der Anteil der Fixkosten am Umsatz ist ein Maß für das *Kostenstrukturrisiko:* Je höher der Anteil der umsatzunabhängigen Kosten ist, desto kritischer ist ein Umsatzrückgang zu bewerten.

03. Mehrstufige Deckungsbeitragsrechnung mit mehreren Produkten

Angaben in €

Bereiche	Bereich I				Bereich II		gesamt
Gruppen	Erzeugnisgruppe 1		Erzeugnisgruppe 2		Erzeugnisgruppe 3		
Produkte	Produkt 1	Produkt 2	Produkt 3	Produkt 4	Produkt 5	Produkt 6	
Umsatzerlöse	30.000	28.000	8.000	31.000	64.000	52.000	213.000
– variable Kosten	12.000	14.000	6.000	16.000	29.000	21.000	98.000
= DB I	18.000	14.000	2.000	15.000	35.000	31.000	**115.000**
– Erzeugnisfixkosten in % d. variablen Kosten	8.000 66,67	9.000 64,29	4.000 66,67	11.000 68,75	21.000 72,41	10.000 47,62	63.000
= DB II	10.000	5.000	– 2.000	4.000	14.000	21.000	
	15.000		2.000			35.000	**52.000**
– Erzeugnisgruppenfixkosten in % d. variablen Kosten		2.000 7,69		3.000 13,64		4.000 8,00	9.000
= DB III		13.000		– 1.000		31.000	**43.000**
– Bereichsfixkosten in % d. variablen Kosten				2.000 4,17		4.000 8,00	6.000
= DB IV				10.000		27.000	**37.000**
– Unternehmensfixkosten in % d. variablen Kosten							6.000 6,12
= DB V in % der Umsatzerlöse							**31.000** 14,55

Interpretation:

Produkt 3 hat geringe Umsatzerlöse; der DB II ist negativ. Produkt 4 hat zwar aus-
kömmliche Umsatzerlöse, aber hohe variable und erzeugnisfixe Kosten, sodass der DB
III negativ ist. Die Herstellung der Erzeugnisgruppe 2 sollte überdacht werden, da sie
zu den bereichs- und unternehmensfixen Kosten derzeit keinen Beitrag leisten kann.

04. Betriebsergebnis im Wege der Vollkostenrechnung und der Teilkosten- rechnung

a) Vollkostenrechnung pro Stück:

	Kostenart	Einheit	Produkt					Summe
			1	2	3	4	5	
	EK	€/Stk.	20,00	45,00	60,00	50,00	32,00	
+	GK	€/Stk.	32,00	135,00	120,00	160,00	59,20	
=	SK	€/Stk.	52,00	180,00	180,00	210,00	91,20	
	Verkaufserlöse	€/Stk.	80,00	170,00	185,00	80,00	125,00	
	Gewinn	€/Stk.	28,00	– 10,00	5,00	– 130,00	33,80	
=	Betriebsergebnis	€	33.600	– 5.000	11.000	– 26.000	27.040	40.640

Vollkostenrechnung pro Rechnungsperiode:

	Kostenart	Einheit	Produkt					Summe
			1	2	3	4	5	
	EK	€	24.000	22.500	132.000	10.000	25.600	214.100
+	GK	€	38.400	67.500	264.000	32.000	47.360	449.260
=	SK	€	62.400	90.000	396.000	42.000	72.960	663.360
=	Verkaufserlöse	€	96.000	85.000	407.000	16.000	100.000	704.000
=	Betriebsergebnis	€	33.600	– 5.000	11.000	– 26.000	27.040	40.640

b) Teilkostenrechnung pro Stück:

	Kostenart	Einheit	Produkt					Summe
			1	2	3	4	5	
	EK	€/Stk.	20,00	45,00	60,00	50,00	32,00	
+	variable GK	€/Stk.	40,00	85,00	85,00	90,00	44,00	
=	Verkaufserlöse	€/Stk.	80,00	170,00	185,00	80,00	125,00	
–	DB	€/Stk.	40,00	85,00	100,00	– 10,00	81,00	
		€	48.000	42.500	220.000	– 2.000	64.800	373.300
–	Fixkosten[1]	€						332.660
=	Betriebsergebnis	€						40.640

Teilkostenrechnung pro Rechnungsperiode:

	Kostenart	Einheit	Produkt					Summe
			1	2	3	4	5	
	EK	€	24.000	22.500	132.000	10.000	25.600	214.100
+	variable GK	€	24.000	20.000	55.000	8.000	9.600	116.600
	var. Kosten gesamt	€	48.000	42.500	187.000	18.000	35.200	330.700
=	Verkaufserlöse	€	96.000	85.000	407.000	16.000	100.000	704.000
–	DB	€	48.000	42.500	220.000	– 2.000	64.800	373.300
–	Fixkosten[1]	€						332.660
=	Betriebsergebnis	€						40.640

[1] Berechnung: Fixkosten = SK – variable Kosten gesamt = 663.360 € – 330.700 € = 332.660 €

c) Das Betriebsergebnis gesamt aus a) muss (selbstverständlich) mit dem Betriebsergebnis gesamt aus b) identisch sein (Definition des Deckungsbeitrages).

d) Kostenportfolio:

	Einzelkosten	Gemeinkosten	*Summen*	
Variable Kosten	214.100	116.600	330.700	*Teilkostenrechnung*
Fixkosten		332.660	332.660	
Summen	214.100	449.260	663.360	
	Vollkostenrechnung			

6.2 Deckungsbeitragsrechnung als Entscheidungs-instrument

01. Break-even-Point, Umsatzrendite

a)

	Preis, p_i	Menge, x_i	Gesamt-kosten, K_i	variable Kosten, K_{vi}	Fixkosten, K_{fi}
Vorperiode	1.400 €	800 Stk.	920.000 €	320.000 €	600.000 €
Lfd. Periode	1.400 €	1.000 Stk.	1.000.000 €	400.000 €	600.000 €

Bei linearer Gesamtkostenfunktion lassen sich die variablen Stückkosten (= Grenz-kosten) mithilfe des Differenzenquotienten berechnen:

$$k_v = \frac{K_2 - K_1}{x_2 - x_1} = \frac{1.000.000 - 920.000}{1.000 - 800} = 400 \text{ €/Stk.}$$

Daraus ergeben sich die variablen Kosten K_v:

K_{v1} = 800 Stk. · 400 €/Stk. =   320.000 € bzw.

K_{v2} = 1.000 Stk. · 400 €/Stk. =   400.000 €

Die Fixkosten werden durch Subtraktion ermittelt:

K_{f1} = $K_1 - K_{v1}$ = 920.000 € – 320.000 € = 600.000 €

bzw.

K_{f2} = $K_2 - K_{v2}$ = 1.000.000 € – 400.000 € = 600.000 €

Im Break-even-Point gilt:

$$x^* = \frac{K_f}{p - k_v} = \frac{600.000 \text{ €}}{1.400 \text{ €/Stk.} - 400 \text{ €/Stk.}} = 600 \text{ Stk.}$$

Das heißt, bei 601 Stück wird ein Gewinn erzielt.

b) Bei einer Umsatzrendite von 15 % gilt für die Menge x^*:

$$p \cdot x^* = K_f + x^* k_v + 0{,}15\, px^*$$

$$\Rightarrow K_f = px^* - x^* k_v - 0{,}15\, px^*$$

$$\Rightarrow x^* = \frac{K_f}{p - k_v - 0{,}15p} = \frac{600.000\ €}{1.400\ €/\text{Stk.} - 400\ €/\text{Stk.} - 210\ €/\text{Stück}} \approx 760\ \text{Stk.}$$

Das heißt, ab einer Menge von 760 Stück wird eine Umsatzrendite von mindestens 15 % erreicht.

c) Gewinn $\quad= U - K = x \cdot p - K_f - x \cdot k_v$

$\qquad\qquad\quad = 760\ \text{Stk.} \cdot 1.400\ €/\text{Stk.} - 600.000\ € - 760\ \text{Stk.} \cdot 400\ €/\text{Stk.}$

$\qquad\qquad\quad = 160.000\ €$

$$\Rightarrow \text{Umsatzrendite} = \frac{\text{Gewinn} \cdot 100}{\text{Umsatz}} = \frac{160.000\ € \cdot 100}{1.064.000\ €} \approx 15\ \%$$

02. Deckungsbeitragsrechnung, Preispolitik

a) Im Kostendeckungspunkt gilt: $\quad x = K_f : (p - k_v)$

An fixen Kosten ergeben sich:

- Investitionen:
  AfA: 12,5 % von 230.000 €   = 28.750 €

- Personalkosten:
  9.000 · 12   = 108.000 €

- Verwaltungsgemeinkosten:
  3.000 · 12   = 36.000 €

- kalkulatorische Zinsen:
  10 % von 230.000 €   = 23.000 €
  Summe   = 195.750 €

Daraus folgt (pro Jahr):

$$x = \frac{195.750\ €}{4{,}00\ €/\text{Wäsche} - 0{,}70\ €/\text{Wäsche}} = 59.318{,}18\ \text{Pkw-Wäschen pro Jahr}$$

Daraus folgt:

59.318,18 : 280 $\approx$ 212 Pkw-Wäschen pro Tag (gerundet)

b) Grafische Lösung: *Pkw-Wäschen pro Tag im Kostendeckungspunkt:*

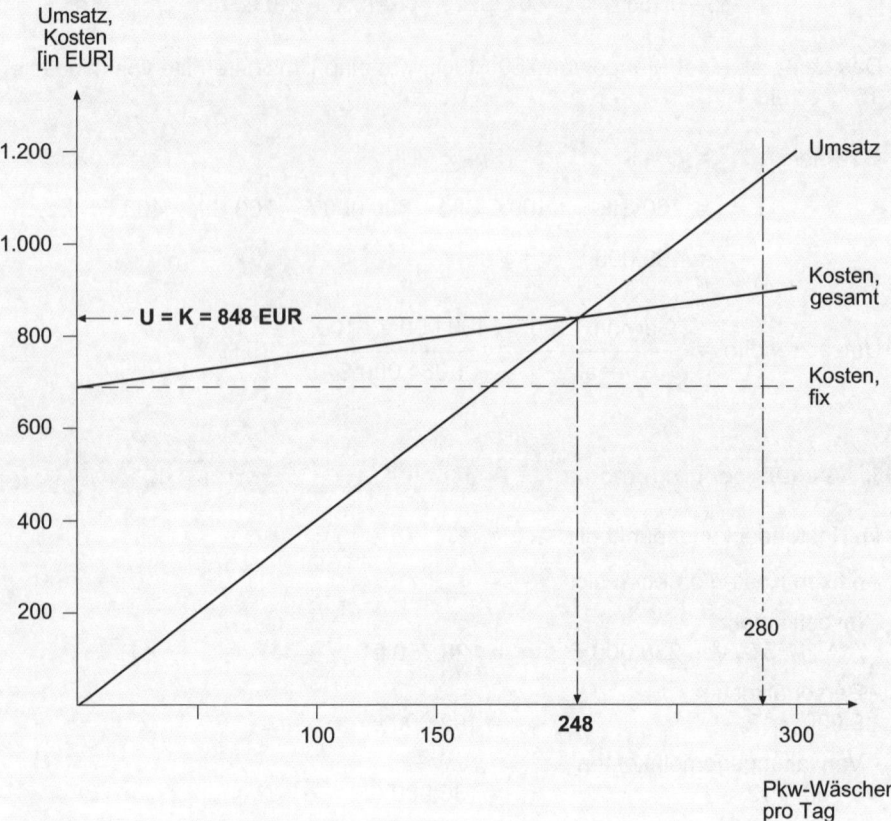

c) Im Break-even-Point gilt:

$$DB = U - K_v$$

Daraus ergibt sich der Deckungsbeitrag pro Stück (db):

$$\frac{DB}{x} = \frac{U}{x} - \frac{K_v}{x} = \frac{x \cdot p}{x} - k_v = p - k_v = 4{,}00\ € - 0{,}70\ € = 3{,}30\ €$$

03. Bewertung des Produktionsprogramms auf Vollkosten- und Teilkostenbasis

Hinweis: Diese Fragestellung ist komplexer als eine tatsächlich zu erwartende Klausuraufgabe in der IHK-Prüfung. Das Fallbeispiel wurde zu Übungszwecken so umfangreich gestaltet, um bei der Entscheidung über ein Produktionsprogramm die Aussagefähigkeit der Vollkostenrechnung und der einstufigen sowie mehrstufigen Teilkostenrechnung zu zeigen.

a) *Produktionsentscheidung auf Basis der Vollkostenrechnung:*

Angaben in €

Betriebsergebnis auf Basis der Vollkostenrechnung				
	Produkt 1	Produkt 2	Produkt 3	Summe
Erlöse	200.000	320.000	300.000	820.000
– Selbstkosten	– 190.000	– 350.000	– 260.000	– 800.000
= Betriebsergebnis	10.000	– 30.000	40.000	20.000
Reihenfolge:[1]		P 3 – P 1 – P 2		

[1] Nach der Vollkostenrechnung würde die Entscheidung über das Produktionspro-gramm entsprechend dem jeweiligen Beitrag zum Betriebsergebnis zu treffen sein.

b) *Produktionsentscheidung auf Basis der Vollkostenrechnung ohne Produkt 2:*

Das Ergebnis aus a) legt nahe, das Produkt 2 aus dem Programm zu nehmen; dies würde das Betriebsergebnis auf den Wert 50.000 anheben (10.000 € + 40.000 €). Diese Entscheidung wäre jedoch nur dann richtig, wenn alle Kosten variabel wären, d. h. die Einstellung des Produkts 2 würde nicht nur zu einer Umsatzreduzierung von 320.000 €, sondern auch zu einer Kostenreduzierung von 350.000 € führen.

Angaben in €

Betriebsergebnis auf Basis der Vollkostenrechnung – ohne Produkt 2				
	Produkt 1	(Produkt 2)	Produkt 3	Summe
Erlöse	200.000		300.000	500.000
– Selbstkosten	– 190.000		– 260.000	– 450.000
= Betriebsergebnis	10.000		40.000	50.000

Da die Vollkostenrechnung jedoch keine Aussage über das Verhalten der Kosten bei Beschäftigungsänderungen macht, lässt sie die beschriebene Entscheidung gar nicht zu.

c) *Produktionsentscheidung auf Basis der Teilkostenrechnung (einstufige Deckungs-beitragsrechnung):*

Angaben in €

Betriebsergebnis auf Basis der Teilkostenrechnung				
	Produkt 1	Produkt 2	Produkt 3	Summe
Erlöse	200.000	320.000	300.000	820.000
– variable Kosten	– 130.000	– 220.000	– 160.000	– 510.000
= Deckungsbeitrag	70.000	100.000	140.000	310.000
– fixe Kosten				– 290.000
= Betriebsergebnis				20.000
Reihenfolge:[1]		P 3 – P 2 – P 1		

[1] Nach der Teilkostenrechnung würde die Entscheidung über das Produktionsprogramm entspre-chend der jeweiligen Höhe des Deckungsbeitrages zu treffen sein.

d) *Produktionsentscheidung auf Basis der Teilkostenrechnung bei Eliminierung von Produkt 1:*

Würde man die Entscheidung treffen, Produkt 1 aus dem Programm zu nehmen, hätte dies ein Betriebsergebnis von – 50.000 € zur Konsequenz:

Angaben in €

Betriebsergebnis auf Basis der Teilkostenrechnung – ohne Produkt 1				
	(Produkt 1)	Produkt 2	Produkt 3	Summe
Erlöse		320.000	300.000	620.000
– variable Kosten		– 220.000	– 160.000	– 380.000
= Deckungsbeitrag		100.000	140.000	240.000
– fixe Kosten				– 290.000
= **Betriebsergebnis**				**– 50.000**

Die Ergebnisrechnung würde um die variablen Kosten von Produkt 1 entlastet werden. Die übrigen Kostenträger müssten jedoch allein zur Deckung der fixen Kosten beitragen, was im vorliegenden Fall zu einem negativen Betriebsergebnis führt.

Daraus lässt sich generell ableiten:

> *Solange ein Kostenträger einen positiven Deckungsbeitrag leistet, ist es im Allgemeinen unwirtschaftlich, ihn aus dem Produktionsprogramm zu nehmen.*

> *Für Entscheidungen über das Produktionsprogramm ist das Betriebsergebnis und der Deckungsbeitrag je Kostenträger relevant.*

e) *Produktionsentscheidung auf Basis der Teilkostenrechnung mit stufenweiser Fixkostendeckung:*

In den bisherigen Fragestellungen wurden die fixen Kosten keiner näheren Betrachtung unterzogen, sondern en bloc von der Summe der Einzeldeckungsbeiträge subtrahiert. In der Praxis wird man jedoch die fixen Kosten weiter untergliedern, um die Entscheidung über das Produktionsprogramm zu verbessern.

Man unterscheidet u. a.:

Erzeugnisfixe Kosten	sind der Teil der fixen Kosten, der sich dem Kostenträger direkt zuordnen lässt, z. B. Kosten einer spezifischen Fertigungsanlage, Spezialwerkzeuge.
Erzeugnisgruppenfixe Kosten	sind der Teil der fixen Kosten, der sich zwar nicht einem Kostenträger, jedoch einer Kostenträgergruppe (Erzeugnisgruppe) zuordnen lässt.
Unternehmensfixe Kosten	Sie entsprechen dem restlichen Fixkostenblock, der sich weder einem Erzeugnis noch einer Erzeugnisgruppe direkt zuordnen lässt, z. B. Kosten der Geschäftsleitung/der Verwaltung.

Demzufolge arbeitet man in der mehrstufigen Deckungsbeitragsrechnung mit einer modifizierten Struktur von Deckungsbeiträgen[1]:

   Erlöse
– variable Kosten
= **Deckungsbeitrag I**
– erzeugnisfixe Kosten
= **Deckungsbeitrag II**
– erzeugnisgruppenfixe Kosten
= **Deckungsbeitrag III**
– unternehmensfixe Kosten
= **Betriebsergebnis**

Angaben in €

		Produkt 1	Produkt 2	Produkt 3	Summe
Betriebsergebnis auf Basis der Teilkostenrechnung - mehrstufige Deckungsbeitragsrechnung -					
	Erlöse	200.000	320.000	300.000	820.000
–	variable Kosten	– 130.000	– 220.000	– 160.000	– 510.000
=	Deckungsbeitrag I	70.000	100.000	140.000	310.000
–	erzeugnisfixe Kosten	– 20.000	– 90.000	– 60.000	– 170.000
=	Deckungsbeitrag II	50.000	10.000	80.000	140.000
–	erzeugnisgruppen- fixe Kosten		– 40.000	–	– 40.000
=	Deckungsbeitrag III		10.000	80.000	100.000
–	unternehmensfixe Kosten				90.000
=	**Betriebsergebnis**				**10.000**
Reihenfolge:[2]		P 3 – P 1 – P 2			

Analyse des Ergebnisses:

Produkt 2 liefert den geringsten DB II, da seine erzeugnisfixen Kosten relativ hoch sind. Sein Beitrag zur Deckung der übrigen Fixkosten beträgt nur noch 10.000 €.

f) *Produktionsentscheidung auf Basis der Teilkostenrechnung mit stufenweiser Fixkostendeckung ohne Produkt 2:*

---

[1] Eine weitere Untergliederung als hier dargestellt ist möglich.

[2] Die Reihenfolge für das Produktionsprogramm würde daher lauten: P3 – P1 – P2

Würde man sich entschließen, Produkt 2 einzustellen, ergäbe sich folgendes Betriebsergebnis:

Angaben in €

Betriebsergebnis auf Basis der Teilkostenrechnung - mehrstufige Deckungsbeitragsrechnung – ohne Produkt 2 –					
		Produkt 1	(Produkt 2)	Produkt 3	Summe
	Erlöse	200.000		300.000	500.000
–	variable Kosten	– 130.000		– 160.000	– 290.000
=	Deckungsbeitrag I	70.000		140.000	210.000
–	erzeugnisfixe Kosten	– 20.000		– 60.000	– 80.000
=	Deckungsbeitrag II	50.000		80.000	130.000
–	erzeugnisgruppen-fixe Kosten		– 40.000	–	– 40.000
=	Deckungsbeitrag III		20.000	80.000	90.000
–	unternehmensfixe Kosten				– 80.000
=	**Betriebsergebnis**				**10.000**

Ergebnis:
- Eine Einstellung des Produkts 2 hätte eine Vermeidung der abhängigen Kosten in Höhe von 220.000 € zur Folge. Es würde jedoch der DB II zur Deckung der übrigen Fixkosten in Höhe von 10.000 € fehlen; dies hätte eine Verminderung des Betriebsergebnisses um genau diesen Betrag zur Folge.
- Der DB II sagt jedoch noch nichts darüber aus, welchen Deckungsbeitrag ein Stück des Produkts 2 erbringt (vgl. Antwort g).

g) *Produktionsentscheidung auf Basis der Teilkostenrechnung mit stufenweiser Fixkostendeckung unter Beachtung des Stückdeckungsbeitrags:*

Angaben in €

Betriebsergebnis auf Basis der Teilkostenrechnung - mehrstufige Deckungsbeitragsrechnung - - Ermittlung des Stückdeckungsbeitrages -					
		Produkt 1	Produkt 2	Produkt 3	Summe
	Erlöse	200.000	320.000	300.000	820.000
–	variable Kosten	– 130.000	– 220.000	– 160.000	– 510.000
=	Deckungsbeitrag I	70.000	100.000	140.000	310.000
–	erzeugnisfixe Kosten	– 20.000	– 90.000	– 60.000	– 170.000
=	Deckungsbeitrag II	50.000	10.000	80.000	140.000
→	DB II pro Stück = **db II**	50.000 : 1.000 **50,00**	10.000 : 100 **100,00**	80.000 : 1.000 **80,00**	
Reihenfolge:		P 2 – P 3 – P 1			

Ergebnis:

Obwohl der DB II gering ist, ergibt sich aufgrund des Stückdeckungsbeitrags db II ein Produktionsprogramm in der Rangfolge P2 – P3 – P1.

Welche Entscheidung in der Praxis letztlich den Ausschlag für die Optimierung des Produktionsprogramms geben wird, hängt jedoch nicht nur von den Ergebnissen der oben dargestellten Voll- und Teilkostenbetrachtungen ab, sondern weiterhin von einer Reihe weiterer interner und externer Faktoren, z. B:

- Von den Marketingzielen des Unternehmens, z. B.
  - Marktdurchdringung „über den Preis",
  - Erhöhung des Marktanteils „über Einführungspreise",
  - Mengenstrategie versus Preisstrategie,
- von den Wettbewerbsbedingungen,
- von möglichen Engpässen in der Produktion,
- von der Entwicklung der Preise am Beschaffungsmarkt usw.

04. Zusatzauftrag bei Einproduktunternehmen ohne Kapazitätsbeschränkung

Angaben in €	Fertigung ohne Zusatzauftrag (1.000 Stück)		Zusatzauftrag (200 Stück)	
	je Stück	gesamt	je Stück	gesamt
Umsatzerlöse	130,00	130.000,00	90,00	18.000,00
– variable Kosten	50,00	50.000,00	50,00	10.000,00
= DB	80,00	80.000,00	40,00	8.000,00
– Fixkosten, gesamt		65.000,00		0,00
= Betriebsergebnis		15.000,00		8.000,00 **23.000,00**

Im vorliegenden Fall wird das Betriebsergebnis um 8.000 € verbessert, da beim Zusatzauftrag der Erlös pro Stück (db) über den variablen Kosten pro Stück liegt (Mehrgewinn durch Zusatzauftrag: $(p - k_v) = 40,00$ €/Stk.; $40,00$ €/Stk. $\cdot$ 200 Stk. $= 8.000$ €).

05. Produktionsprogrammplanung, Engpassrechnung für vier Produkte

a)

Produktionsplanung nach Stückdeckungsbeitrag				
	Produkt 1	Produkt 2	Produkt 3	Produkt 4
Verkaufspreis (€/Stk.)	35,00	40,00	28,00	16,00
variable Kosten (€/Stk.)	10,00	11,00	6,00	4,00
Stückdeckungsbeitrag, db (€/Stk.)	25,00	29,00	22,00	12,00
Programmreihenfolge	**2**	**1**	**3**	**4**
Produktionsmenge (Stk.)	600	600	224	0
Verbrauch (kg)	4.200	3.000	2.800	0
Deckungsbeitrag, DB (€)	15.000	17.400	4.928	0
Deckungsbeitrag, insgesamt				37.328
./. Fixkosten				30.000
= Betriebsergebnis				**7.328**

b)

Produktionsplanung nach relativem Stückdeckungsbeitrag				
	Produkt 1	Produkt 2	Produkt 3	Produkt 4
Stückdeckungsbeitrag, db (€/Stk.)	25,00	29,00	22,00	12,00
relativer Stückdeckungs- beitrag (€/Stk.)	3,57	5,80	1,76	3,00
Programmreihenfolge	**2**	**1**	**4**	**3**
Produktionsmenge (Stk.)	600	600	0	700
Verbrauch (kg)	4.200	3.000	0	2.800
Deckungsbeitrag, DB (€)	15.000	17.400	0	8.400
Deckungsbeitrag, insgesamt				40.800
– Fixkosten				30.000
= Betriebsergebnis				**10.800**

Die Programmplanung nach relativem Deckungsbeitrag erbringt einen Vorteil von 3.472 €.

06. Produktionsprogrammplanung mithilfe der linearen Optimierung***

- **Grafische Lösung:**

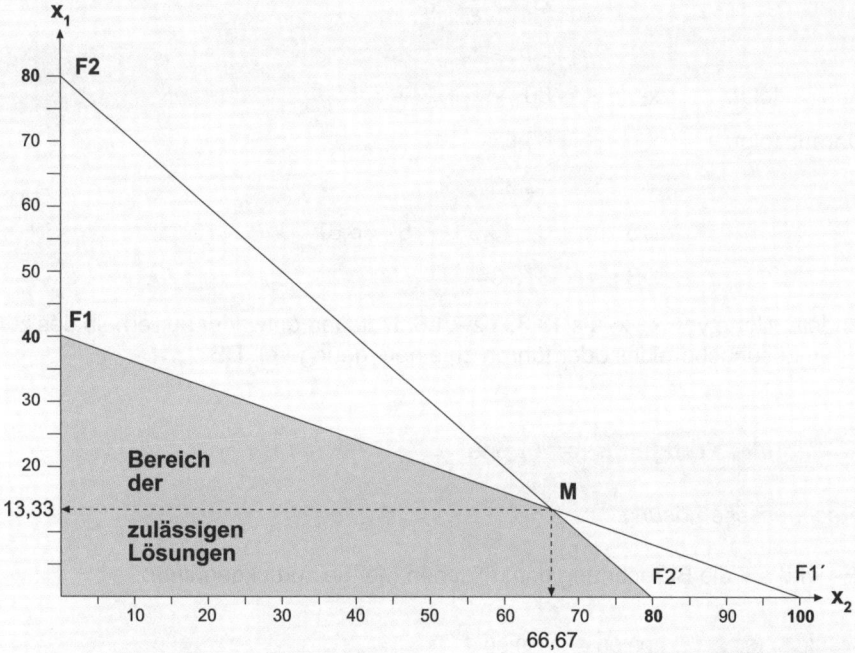

Die Produktionsfunktion F1 schneidet die Ordinate im Wert 40 und die Abzisse im Wert 100. Man erhält diese Werte, indem jeweils die Menge x_1 bzw. x_2 in jeder Produktionsfunktion gleich Null gesetzt wird:

(1) $5\,x_1 + 2\,x_2 \leq 200$ mit $x_1 = 0$ folgt $x_2 \leq 100$

                           mit $x_2 = 0$ folgt $x_1 \leq 40$

Man erhält die Gerade F1F1´.

(2) $3\,x_1 + 3\,x_2 \leq 240$ mit $x_1 = 0$ folgt $x_2 \leq 80$

                           mit $x_2 = 0$ folgt $x_1 \leq 80$

Man erhält die Gerade F2F2´.

Ergebnis:
- Die Fläche unterhalb der Linie F1MF2´ enthält den Bereich der zulässigen Lösungen.
- Die optimale Mengenkombination liegt im Punkt M mit den Koordinaten $x_1 \approx 13$ und $x_2 \approx 67$.

• *Rechnerische Lösung:*

Aus (1) folgt: $x_1 + \dfrac{2}{5} x_2 \leq 40$

$x_2 \leq 40 - \dfrac{2}{5} x_2$

Aus (2) folgt: $x_2 \leq 80 - x_1$

Daraus folgt: $x_2 \leq 66{,}67$

$x_1 \leq 13{,}33$

$DB = 3 \cdot 13{,}33 + 5 \cdot 66{,}67$

$DB = 373{,}34$

Andere Werte von x_1, x_2 als 13,33 bzw. 66,67 liegen entweder außerhalb des zulässigen Lösungsbereichs oder führen zu einem geringeren DB.

07. Wahl des Fertigungsverfahrens

a) *Rechnerische Lösung:*

Es wird auf die Berechnung der kritischen Menge zurückgegriffen:

$$x = \frac{K_{f2} - K_{f1}}{k_{v2} - k_{v1}} = \frac{300{,}00\ € - 50{,}00\ €}{10{,}00\ €/Stk. - 5{,}00\ €/Stk.} = 50\ \text{Stück}$$

Die kritische Menge liegt bei 50 Stück; oberhalb von 50 Stück ist Verfahren 2 kostengünstiger.

b) *Grafische Lösung:*

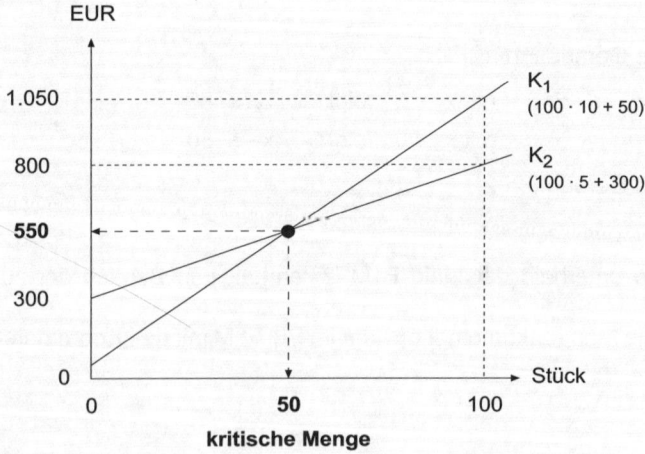

08. Eigen- oder Fremdfertigung (langfristige Betrachtung)

• Rechnerische Lösung (Angaben in €):

Stückkalkulation					
Fremdbezug			**Eigenfertigung**		
	Listeneinkaufspreis	100,00		kalkulatorische Abschreibung: (400.000 – 50.000) : 10	35.000
–	Rabatt, 10 %	– 10,00	+	kalkulatorische Zinsen: 450.000 : 2 · 8 : 100	18.000
=	Zieleinkaufspreis	90,00	+	sonstige Fixkosten	9.000
–	Skonto, 3 %	– 2,70	=	**Fixkosten, gesamt**	**62.000**
=	Bareinkaufspreis	87,30		Fertigungslohn pro Stk.	25,00
+	Bezugskosten	2,70	+	Materialkosten pro Stk.	15,00
=	**Einstandspreis**	**90,00**	=	**variable Stückkosten, gesamt**	**40,00**

Die Formel zur Berechnung der kritischen Menge

$$x = \frac{K_{f2} - K_{f1}}{k_{v1} - k_{v2}}$$

wobei: 2: Eigenfertigung
1: Fremdfertigung

modifiziert sich zu:

$$x = \frac{K_{f2} \text{ (Eigenfertigung)}}{\text{Bezugspreis} - k_{v2} \text{ (Eigenfertigung)}}$$

mit K_{f1} (Fremdfertigung) = 0
k_{v1} = Bezugspreis

$$x = \frac{62.000 \text{ €}}{90,00 \text{ €/Stk.} - 40,00 \text{ €/Stk.}} = 1.240 \text{ Stück}$$

Die kritische Menge liegt bei 1.240 Stück. Oberhalb dieser Menge ist die Eigenfertigung kostengünstiger, da die variablen Stückkosten niedriger sind.

Für die Planmenge p. a. ergibt sich

- bei *Eigenfertigung:* 1.800 Stk. · 40,00 €/Stk. + 62.000 € = 134.000 €
- bei *Fremdbezug:* 1.800 Stk. · 90,00 €/Stk. = 162.000 €

→ Kosteneinsparung p. a. durch den
Wechsel von Fremdbezug zur Eigenfertigung = 28.000 €

• *Grafische Lösung:*

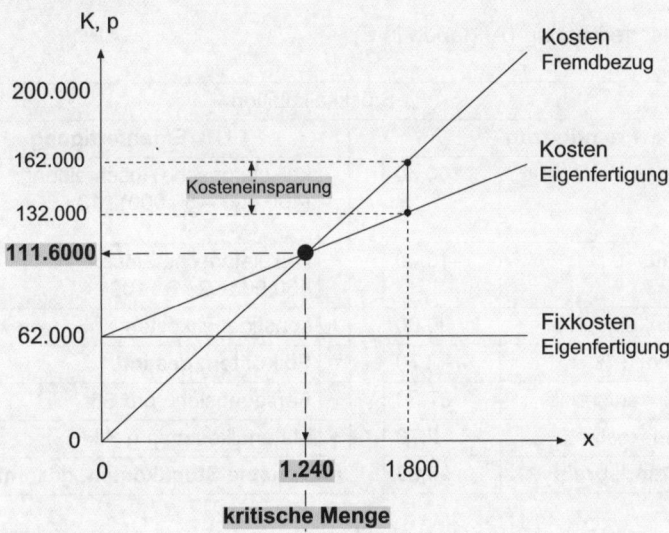

09. Direct Costing (1)

Maschine A:	Verkaufspreis netto	2.500.000,00 €
–	Kundenrabatt 16 %	400.000,00 €
=	Zielverkaufspreis	2.100.000,00 €
–	Kundenskonto 1 %	21.000,00 €
=	Barverkaufspreis	2.079.000,00 €
–	variable Kosten	1.875.000,00 €
=	Deckungsbeitrag	204.000,00 €
–	fixe Kosten	184.027,78 €
=	Gewinn	19.972,22 €
Maschine B:	Verkaufspreis netto	4.657.640,00 €
–	Kundenrabatt 17 %	791.798,80 €
=	Zielverkaufspreis	3.865.841,20 €
–	Kundenskonto 1 %	38.658,41 €
=	Barverkaufspreis	3.827.182,79 €
–	variable Kosten	3.493.230,00 €
=	Deckungsbeitrag	333.952,79 €
–	fixe Kosten	342.854,06 €
=	Gewinn	– 8.901,27 €

Da mit Maschine B sogar Verlust gemacht würde, sollte man nur Maschine A verkaufen.

10. Preisuntergrenze, Direkt Costing (2)

Maschine A:	Deckungsbeitrag	0.000.000,00 €
+	variable Kosten	1.875.000,00 €
=	Barverkaufspreis	1.875.000,00 €
+	Kundenskonto 1 %	18.939,39 €
=	Zielverkaufspreis	1.893.939,39 €
+	Kundenrabatt 16 %	360.750,36 €
=	Verkaufspreis netto, neu	2.254.689,75 €

Verkaufspreis netto alt − Verkaufspreis netto neu = Preissenkung absolut

2.500.000,00 € − 2.254.689,75 € = 245.310,25 € Preissenkung absolut

Maschine B:	Deckungsbeitrag	0.000.000,00 €
+	variable Kosten	3.493.230,00 €
=	Barverkaufspreis	3.493.230,00 €
+	Kundenskonto 1 %	35.285,15 €
=	Zielverkaufspreis	3.528.515,15 €
+	Kundenrabatt 17 %	722.707,92 €
=	Verkaufspreis netto, neu	4.251.223,07 €

Verkaufspreis netto, alt − Verkaufspreis netto, neu = Preissenkung absolut

4.657.640,00 € − 4.251.223,07 € = 406.416,93 € Preissenkung absolut

11. Ergebnisplanung

a) Nettoverkaufspreis $p = 450$ €
variable Stückkosten $k_v = 250$ €
Fixkosten pro Monat $K_f = 120.000$ €
Jahresgewinn $G_{p.a.} = 39.000$ €
→ Monatsgewinn $G = 3.250$ €
Umsatz pro Monat $U = x \cdot p$ mit x = verkaufte Menge
Gesamtkosten/Monat $K = K_f + x \cdot k_v$

$$G = U - K$$

$$3.250 = x \cdot p - K_f - x \cdot k_v$$

$$3.250 = 450\,x - 120.000 - 250\,x$$

$$200\,x = 123.250$$

$$x = 616,25 \text{ Stück pro Monat; } 7.395 \text{ Stück pro Jahr}$$

Alternativer Rechenweg:

$$x^* = \frac{K_f \ \text{p. a.} + \ \text{Zielgewinn p. a.}}{db}$$

$$= \frac{1.440.000 \ + 39.000}{200}$$

$$= \ 7.395 \ \text{Stück p.a.}$$

b) $0,15 \cdot 450 \, x \ = \ 450 \, x - 120.000 - 250 \, x$

$\quad\quad\quad 67,5 \, x \ = \ 200 \, x - 120.000$

$\quad\quad\quad\quad\quad x \ = \ 906 \ \text{Stück pro Monat; } 10.872 \ \text{Stück p. a.}$

12. Kurzfristige Preisuntergrenze

a) Entscheidung über die Kaufangebote (Angaben in €)

Kunde A:		
	Verkaufspreis netto	1.735.675,00
–	Kundenrabatt 15,5 %	269.029,63
=	Zielverkaufspreis	1.466.645,37
–	Kundenskonto 2 %	29.332,91
=	Barverkaufspreis	1.437.312,46
–	variable Kosten	1.301.756,25
=	Deckungsbeitrag	135.556,21
–	fixe Kosten	127.764,97
=	Gewinn	7.791,24
Kunde B:	Verkaufspreis netto	2.567.312,00
–	Kundenrabatt 13 %	333.750,56
=	Zielverkaufspreis	2.233.561,44
–	Kundenskonto 2 %	44.671,23
=	Barverkaufspreis	2.188.890,21
–	variable Kosten	1.925.484,00
=	Deckungsbeitrag	263.406,21
–	fixe Kosten	188.982,69
=	Gewinn	74.423,52

Beide Verkäufe würden einen Gewinn ergeben.

b) Ermittlung der kurzfristigen Preisuntergrenze (Angaben in €):

Maschine A:

	Deckungsbeitrag	00000000,00
+	variable Kosten	1.301.756,25
=	Barverkaufspreis	1.301.756,25
+	Kundenskonto 2 %	26.566,45
=	Zielverkaufspreis	1.328.322,70
+	Kundenrabatt 15,5 %	243.656,82
=	Verkaufspreis netto neu	1.571.979,52

Preissenkung absolut = Verkaufspreis$_{\text{netto alt}}$ − Verkaufspreis$_{\text{netto neu}}$
$$= 1.735.675,00 - 1.571.979,52$$
$$= 163.695,48$$

Maschine B:

	Deckungsbeitrag	00000000,00
+	variable Kosten	1.925.484,00
=	Barverkaufspreis	1.925.484,00
+	Kundenskonto 2 %	39.295,59
=	Zielverkaufspreis	1.964.779,59
+	Kundenrabatt 13 %	293.587,75
=	Verkaufspreis netto neu	2.258.367,34

Preissenkung absolut = Verkaufspreis$_{\text{netto alt}}$ − Verkaufspreis$_{\text{netto neu}}$
$$= 2.567.312,00 - 2.258.367,34$$
$$= 308.944,66$$

13. Deckungsbeitrag pro Stück, Break-even-Point

a) DB $= U - K_v$

$\qquad = x \cdot p - x \cdot k_v$

$\dfrac{DB}{x} = db = \dfrac{1}{x}(x \cdot p - x \cdot k_v)$

$\qquad = p - k_v$

$\qquad = 600 - 300$

$\qquad = 300\ €$

b) Erlöse = Kosten

$U = K$

$x \cdot p = K_f + x \cdot k_v$

$\rightarrow x = \dfrac{K_f}{p - k_v}$

$\qquad = \dfrac{12.000}{600 - 300}$

$\qquad = 40$ Stück pro Woche

14. Break-even-Analyse (1)

a) Aus der Grafik lässt sich im Break-even-Point ablesen:

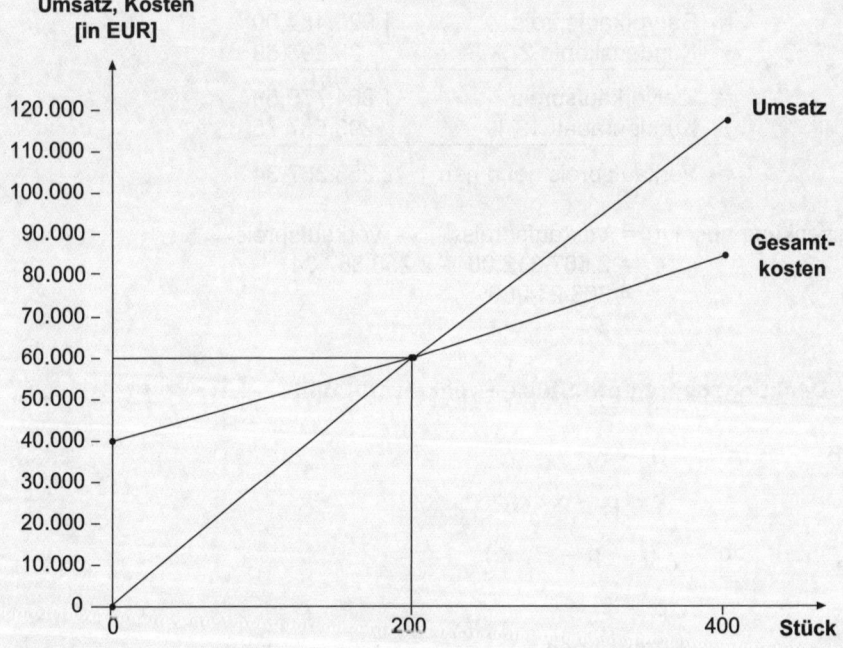

$U^* = 60.000 \, €$

$x^* = 200$ Stück

Definitionsgemäß ist im Break-even-Point:

$G^* = 0$

b) Aus der Grafik lässt sich ablesen:

K_f = 40.000 €

p = ?

U = x · p $\rightarrow$ p = U* : x*

= 60.000 : 200

= 300 €

K_v = ?

K^* = K_f + K_v $\rightarrow$ K_v = K* − K_f

= 60.000 − 40.000

= 20.000 €

k_v = ?

K_v = x* · k_v $\rightarrow$ k_v = K_v : x*

= 20.000 : 200

= 100 €

c) Berechnen Sie für einen Auftrag von 300 Stück:

U = x · p = 300 · 300

= 90.000 €

G = U − K

= 90.000 − K_f − x · k_v

= 90.000 − 40.000 − 100 · 300

= 20.000 €

DB = U − K_v = U − x · k_v

= 90.000 − 100 · 300

= 60.000 €

db = DB : x = 60.000 : 300

= 200 €

d) Im Break-even-Point gilt:

$$x^* = \frac{K_f}{db} = \frac{40.000}{200} = 200$$

15. Break-even-Analyse (2)

a) Ermittlung der Gewinnschwelle:

$$x = \frac{K_f}{p - k_v} = 1 \text{ Mio. } € : (50,00 \text{ €/Stk.} - 25,00 \text{ €/Stk.}) = 40.000 \text{ Stück}$$

Die kritische Stückzahl liegt bei 40.000 Stück; die Erlöse sind im Break-even-Punkt gleich den Gesamtkosten und betragen im vorliegenden Fall 2 Mio. €.

b) *Gewinnplanung* mithilfe der Break-even-Analyse:
Angenommen, das Unternehmen plant einen Gewinn von 500.000 €, so müssen 60.000 Stück produziert und abgesetzt werden.

$$x^* = \frac{K_f + BE^*}{db} = (1 \text{ Mio. } € + 0,5 \text{ Mio. } €) : 25,00 = 60.000 \text{ Stück}$$

c) *Grafisch gilt im Break-even-Punkt* (bei linearen Kurvenverläufen):

- Das Lot vom Schnittpunkt der Erlösgeraden mit der Gesamtkostengeraden auf die x-Achse zeigt die kritische Menge (= Beschäftigung im Break-Even-Punkt), bei der das Betriebsergebnis gleich Null ist (BE = 0 bzw. U = K), in diesem Fall bei x = 40.000 Stück.

- Oberhalb dieses Beschäftigungsgrades wird die Gewinnzone erreicht; unterhalb liegt die Verlustzone. Der Maximalgewinn wird bei Erreichen der Kapazitätsgrenze von 100.000 Stück realisiert.

- Die fixen Gesamtkosten verlaufen für alle Beschäftigungsgrade parallel zur x-Achse (= konstanten Verlauf); hier bei K_f = 1.000.000 €.

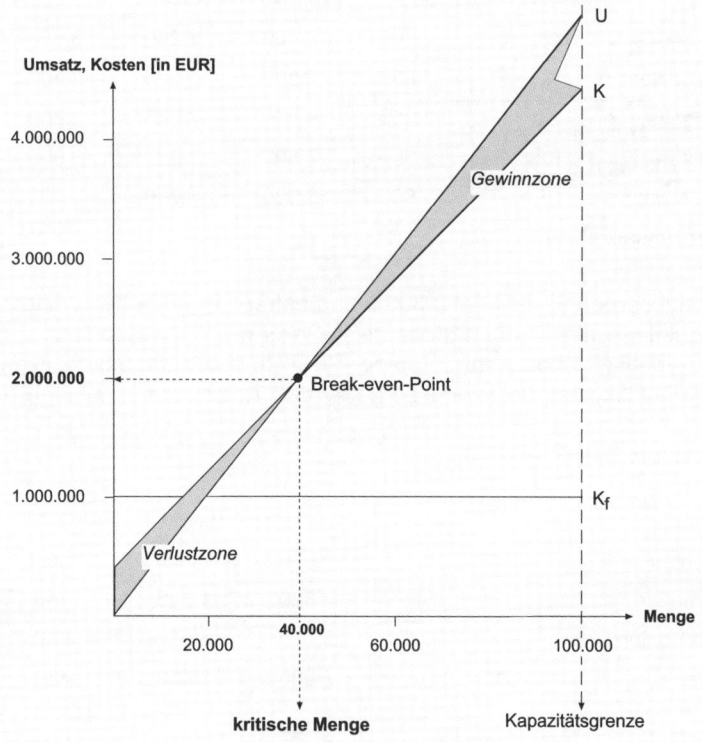

6.3 Fixkostendeckungsrechnung

01. Fixkostendeckungsrechnung (1)

a) Betriebsergebnis der Periode I der Produktgruppe 1 bis 4:

Periode I			Produkt 1	Produkt 2	Produkt 3	Produkt 4
Nettoverkaufspreis	p	€	5,00	7,00	3,00	6,50
Absatzmenge	x	Stk.	800	1.200	400	600
variable Stückkosten	**k_v**	**€/Stk.**	**3,50**	**3,00**	**1,50**	**3,50**
fixe Stückkosten	k_f	€/Stk.	2,50	1,50	1,00	1,50
Selbstkosten pro Stück	SK	€/Stk.	6,00	4,50	2,50	5,00

Periode I			Produkt 1	Produkt 2	Produkt 3	Produkt 4	Gesamt
Umsatzerlöse	U	€	4.000	8.400	1.200	3.900	17.500
– variable Kosten	K_v	€	2.800	3.600	600	2.100	9.100
Deckungsbeitrag	DB	€	1.200	4.800	600	1.800	8.400
– Fixkosten	K_f	€	2.000	1.800	400	900	5.100
Betriebsergebnis	BE	€	– 800	3.000	200	900	**3.300**
in % der Umsatzerlöse							**18,86**

Das Betriebsergebnis liegt bei 3.300 € und beträgt 18,86 % der Umsatzerlöse. Für ein Produktionsunternehmen dürfte dieser Wert problematisch sein. Bei Produkt 1 ist das Betriebsergebnis negativ, da der DB nicht ausreicht, um die fixen Kosten zu decken; die Fixkosten bei Produkt 1 betragen 71,43 % der variablen Kosten.

b) Umsatzrentabilität, Periode II:

Periode II			Produkt 1	Produkt 2	Produkt 3	Produkt 4
Nettoverkaufspreis	p	€	5,00	7,00	3,00	6,50
Absatzmenge	x	Stk.	880	1.320	440	660
variable Kosten	K_v	€	3.080	3.960	660	2.310
Fixkosten	K_f	€	2.000	1.800	400	900

Periode II			Produkt 1	Produkt 2	Produkt 3	Produkt 4	Gesamt
Umsatzerlöse	U	€	4.400	9.240	1.320	4.290	19.250
– variable Kosten	K_v	€	3.080	3.960	660	2.310	10.010
Deckungsbeitrag	DB	€	1.320	5.280	660	1.980	9.240
– Fixkosten	K_f	€	2.000	1.800	400	900	5.100
Betriebsergebnis	BE	€	– 680	3.480	260	1.080	**4.140**
in % der Umsatzerlöse							**21,51**

Die Ausweitung der Produktion (= Absatz) würde das Betriebsergebnis um 840 € bzw. 2,65 Prozentpunkte verbessern. Das heißt, auch bei negativem Betriebsergebnis eines Produkts ist es sinnvoll, die Absatzmenge zu erhöhen, wenn sich die Relationen (Fixkosten, variablen Kosten, Verkaufspreis) nicht verändern. Die Entscheidung hängt daher auch von der Auslastung der Anlagen und der Entwicklung am Absatzmarkt (Preisentwicklung) ab.

c) Eine verbesserte Analyse der Fixkosten erlaubt der Übergang von der einstufigen Deckungsbeitragsrechnung zur mehrstufigen. Je nach Unternehmen werden z. B. die Fixkosten unterteilt in erzeugnisfixe, erzeugnisgruppenfixe, bereichsfixe Kosten usw. Dadurch lässt sich klarer erkennen, welche Produktgruppe (vgl. Produkt 1 im vorliegenden Fall) unwirtschaftlich ist. Weiterhin lassen sich geeignete Maßnahmen zur Verbesserung der Wirtschaftlichkeit einleiten, z. B.:

- Fixkostensenkung,
- Rationalisierung,
- Umsatzsteigerung der Produktgruppe (bei konstanten Fixkosten).

02. Fixkostendeckungsrechnung (2)

a)

	Produktbereich A		Produktbereich B	
	Typ A1	Typ A2	Typ B1	Typ B2
Erlöse	200.000	210.000	120.000	280.000
– variable Kosten	70.000	40.000	80.000	120.000
= Deckungsbeitrag 1	130.000	170.000	40.000	160.000
– Produktfixkosten	18.000	35.000	45.000	15.000
= Deckungsbeitrag 2	112.000	135.000	*– 5.000*	145.000
∑ Deckungsbeiträge	247.000		140.000	
– Produktbereichsfixkosten	45.000		80.000	
= Deckungsbeitrag 3	202.000		60.000	
∑ Deckungsbeiträge	262.000			
– Unternehmensfixkosten	40.000			
= Deckungsbeitrag V (Unternehmensergebnis)	222.000			

b)

Strategieempfehlungen	Produktbereich A		Produktbereich B	
	Typ A1	Typ A2	Typ B1	Typ B2
Produkttyp	erhalten	erhalten	*eliminieren*	erhalten
Produktbereich	erhalten		erhalten	
Unternehmen	erhalten			

7 Handelskalkulation

7.1 Handelskalkulation auf Vollkostenbasis

01. Vorwärts-, Rückwärts- und Differenzkalkulation im Handel, Handelsspanne, Kalkulationszuschlag, Kalkulationsfaktor

a), b) und c)

Handelskalkulation	Vorwärtskalkulation		Differenzkalkulation		Rückwärtskalkulation	
	%	€	%	€	%	€
Listeneinkaufspreis		100,00		100,00		**85,05**
− Lieferer-Rabatt	20	20,00	v.H.	20,00	i.H.	17,01
= Zieleinkaufspreis		80,00		80,00		68,04
− Lieferer-Skonto	3	2,40	v.H.	2,40	i.H.	2,04
= Bareinkaufspreis		77,60		77,60		66,00
+ Bezugskosten		2,50		2,50		2,50
= Bezugspreis		80,10		80,10		68,50
+ Handlungskosten	30	24,03	v.H.	24,03	a.H.	20,55
= Selbstkostenpreis		104,13		104,13		89,05
+ Gewinn	15	15,62	**7,29**	**7,59**	a.H.	13,36
= Barverkaufspreis		119,75		111,72		102,41
+ Kundenskonto	2	2,44	i.H.	2,28	v.H.	2,09
+ Vertreterprovision	0	0,00	i.H.	0,00	v.H	0,00
= Zielverkaufspreis		122,19		114,00		104,50
+ Kundenrabatt	5	6,43	i.H.	6,00	v.H.	5,50
= Listenverkaufspreis		**128,62**		120,00		110,00

Dabei ergibt sich in der Vorwärtsrechnung:

$$\text{Handelsspanne} \quad = \quad \frac{128,62 - 80,10}{128,62} \cdot 100 \quad = \quad 37,72\ \%$$

$$\text{Kalkulationszuschlag} \quad = \quad \frac{128,62 - 80,10}{80,10} \cdot 100 \quad = \quad 60,57\ \%$$

$$\text{Kalkulationsfaktor} \quad = \quad 1 + \text{Kalkulationszuschlag} \quad = \quad 1,6057$$

Probe: Im Großhandel gilt:

Handelsspanne	= Kalkulationszuschlag : Kalkulationsfaktor
	= 60,57 % : 1,6057 = 37,72 %

02. Handelsspanne

Die Formel für die Handelsspanne beim Großhandel in Prozent lautet:

Handelsspanne	= (Nettoverkaufspreis – Bezugspreis) · 100 : Nettoverkaufspreis

Es gilt: BP   =   Bezugspreis
             VP   =   Verkaufspreis
             HSP =   Handelsspanne

Angaben in €

	„alt"	„neu": Fall a)	„neu": Fall b)
BP =	40,00	44,00	44,00
HSP =	60,00 %	56,00 %	58,10 %
VP =	100,00	100,00	105,00

03. Vollkostenrechnung (Handel)

a)	Einkaufspreis	70.000,00 €
–	Liefererrabatt 10 %	7.000,00 €
=	Zieleinkaufspreis	63.000,00 €
–	Liefererskonto 2 %	1.260,00 €
=	Bareinkaufspreis	61.740,00 €
+	Bezugskosten	5.000,00 €
=	Einstandspreis	66.740,00 €
+	Handlungskostenzuschlagssatz 30 %	20.022,00 €
=	Selbstkosten	86.762,00 €

b)	Selbstkosten	86.762,00 €
+	Gewinnzuschlag 7 %	6.073,34 €
=	Barverkaufspreis	92.835,34 €
+	Kundenskonto 2 %	1.894,60 €
=	Zielverkaufspreis	94.729,94 €
+	Kundenrabatt 10 %	10.525,55 €
=	Verkaufspreis netto	105.255,49 €

04. Bezugspreiskalkulation

	Einkaufspreis	1.000,00 €
−	Liefererrabatt 5 %	50,00 €
=	Zieleinkaufspreis	950,00 €
−	Liefererskonto 2 %	19,00 €
=	Bareinkaufspreis	931,00 €
+	Bezugskosten (Fracht)	70,00 €
=	Einstandspreis	1.001,00 €

Bemerkung: Portokosten sind Handlungskosten und werden in der Kontenklasse 4 geführt.

05. Rückwärtskalkulation (Handel)

	Listenpreis	159,08 €
−	Rabatt 8 %	12,73 €
=	Zielverkaufspreis	146,35 €
−	Skonto 2 %	2,93 €
=	Barverkaufspreis	143,42 €
−	Gewinn 10,45 %	13,57 €
=	Selbstkosten	129,85 €
−	Handlungskosten 15,5 %	17,43 €
=	Bezugspreis	112,42 €

06. Rückwärtskalkulation, Differenzkalkulation (Handel)

a)	Bezugspreis	30,00 €	
	+ HKZ 15,5 %	4,65 €	
	= Selbstkosten	34,65 €	(wichtig für die Differenzkalkulation)
	+ Gewinn 10,12 %	3,51 €	
	= Barverkaufspreis	38,16 €	
	+ Skonto 2 %	0,78 €	
	= Zielverkaufspreis	38,94 €	
	+ Rabatt 5 %	2,05 €	
	= Listenpreis	40,99 €	(wichtig für die Rückwärtskalkulation)

b) Rückwärtskalkulation

Listenpreis	40,99 €
– Rabatt 8 %	3,28 €
= Zielverkaufspreis	37,71 €
– Skonto 2 %	0,75 €
= Barverkaufspreis	36,96 €
– Gewinn 10,12 %	3,40 €
= Selbstkosten	33,56 €
– HKZ 15,5 %	4,50 €
= Bezugspreis	29,06 €

c) Differenzkalkulation

Listenpreis	40,99 €
– Rabatt 6 %	2,46 €
= Zielverkaufspreis	38,53 €
– Skonto 2 %	0,77 €
= Barverkaufspreis	37,76 €
– Gewinn	3,11 €
= Selbstkosten	34,65 €

Barverkaufspreis – Selbstkosten	=	Gewinn
37,76 € – 34,65 €	=	3,11 € Gewinn

d) 3,11 € multipliziert mit 100 und dividiert durch 34,65 € ergibt 8,98 % der Selbstkosten.

oder:

$$G\ (\%) \ = \ \frac{G\ (€)}{SK\ (€)} \cdot 100 = \frac{3,11\ €}{34,65\ €} \cdot 100 = 8,98\ \%$$

7.2 Deckungsbeitragsrechnung im Handel

01. Deckungsbeitragssatz (1)

	U	900.000 €	
−	WE, 70 %	630.000 €	
=	Rohertrag (-gewinn)	270.000 €	
−	K_v	50.000 €	
=	DB I	220.000 €	
−	K_f	85.000 €	
=	**DB II**	**135.000 €**	**= 15 % vom Nettoumsatz**

Der Gewinn der Plankalkulation entspricht gerade noch dem angestrebten Wert. Das Warensortiment kann erweitert werden. Es ist jedoch zu beachten, dass kein Abweichungsspielraum vorliegt (Risiko der Entscheidung).

02. Deckungsbeitragssatz (2)

a)

	Situation	
	„alt"	„neu"
Verkaufspreis, p	5,00 €	4,00 €
Absatz, x	1.000.000 Stück	1.000.000 Stück
Umsatz, U	5.000.000 €	4.000.000 €
Stückkosten, variabel, k_v	2.200.000 €	2.200.000 €
DB	2.800.000 €	1.800.000 €
Gewinn, G (= DB − K_f)	2.400.000 €	1.400.000 €

b)

	Situation	
	„alt"	„neu"
$p - k_v$	5,00 − 2,20	4,00 − 2,20
$DB_{Stück}$ = db	2,80	1,80
DB-Satz (= db · 100 : p)	56 %	45 %

c)   Im Break-even-Point gilt: $x = K_f : (p - k_v)$

	Situation	
	„alt"	„neu"
Absatz, x	$400.000 : (5,00 - 2,20) = 142.857$	$400.000 : (4,00 - 2,20) = 222.222$
$U = x \cdot p$	$142.857 \cdot 5,00 = 714.285$	$222.222 \cdot 4,00 = 888.888$
Beschäfti-gungsgrad	70 % = 1.000.000 100 % = x → x = 1.428.571	
	$x_1 = 10,0\ \%$	$x_2 = 15,6\ \%$

8 Prozesskostenrechnung

01. Prozesskostenrechnung (1)

Teilprozesse	Kosten-treiber	lmi-Pro-zess-menge (Stück)	Teilprozesskosten (€)		
			gesamt	davon: lmi	davon: lmn
1 Angebote einholen	Anzahl der Angebote	300	5.000	4.000	1.000
2 Material bestellen	Anzahl der Bestellungen	500	9.500	7.500	2.000
3 Abteilung Einkauf leiten	–	–	40.000	–	40.000
4 Auftrag fakturieren	Anzahl der Rechnungen	900	10.800	10.800	–
Summe der Kosten			65.300	22.300	43.000

Berechnung der Teilprozesskostensätze:

Teilprozess	Berechnung : Teilprozesskostensatz
1	4.000 € : 300 Stk. = 13,33 €/Stk.
2	7.500 € : 500 Stk. = 15,00 €/Stk.
4	10.800 € : 900 Stk. = 12,00 €/Stk.

02. Prozesskostenrechnung (2)

a) Die Prozesskostenrechnung sieht das gesamte betriebliche Geschehen als eine Folge von Prozessen (Aktivitäten). Zusammengehörige Teilprozesse werden kostenstellenübergreifend zu *Hauptprozessen* zusammengefasst (z. B. Materialbeschaffung, Fertigungsdurchführung).

Bei der Prozesskostenrechnung steht also der Prozess im Vordergrund der Betrachtung und nicht mehr die einzelne Kostenstelle – wie bei der Zuschlagskalkulation.

b) Bezugsgrößen der Prozesskostenrechnung zur Verteilung der Gemeinkosten:

1. *leistungsmengeninduzierte* Aktivitäten (lmi)
   → mengenvariabel zum Output, z. B. Materialbeschaffung: Bestellvorgang, Transport, Ware prüfen

2. *leistungsmengenneutrale* Aktivitäten (lmn)
   → mengenfix zum Output, z. B. Materialwirtschaft: Leitung der Abteilung

3. *prozessunabhängige* Aktivitäten (pua)

→ unabhängig vom Output, z. B. Kantine, Arbeit des Betriebsrates

c) Schwachstelle der Prozesskostenrechnung, z. B.:

Die Prozesskostenrechnung ist eine Vollkostenrechnung. Sie verrechnet variable und fixe Kosten auf die Kostenträger und nutzt daher nicht die Vorteile der Teilkostenrechnung.

03. Prozesskostenrechnung, Handel

1. Ermittlung der Hauptprozesskostensätze:

Hauptprozess	lmi-Prozessmenge	Hauptprozesskosten	Prozesskostensatz
Einkauf	8.000 Std.	150.000 €	18,75 €/Std.
Transport	120.000 km	180.000 €	1,50 €/km
Lager	2.200 Std.	352.000 €	160,00 €/Std.

2. Kalkulation des Auftrags:

		Artikel 1		Artikel 2	
	Warenwert		10.000,00 €		80.000,00 €
+	Einkauf	18,75 · 2	37,50 €	18,75 · 1	18,75 €
+	Transport	1,50 · 600	900,00 €	1,50 · 120	180,00 €
+	Lager	160,00 · 2	320,00 €	160,00 · 4	640,00 €
=	Selbstkosten		11.257,50 €		80.838,75 €
→	**Selbstkosten insgesamt**				**92.096,25 €**

04. Prozesskostenkalkulation und Zuschlagskalkulation im Vergleich

Prozesskostenkalkulation				€
	Materialeinzelkosten			2.000	
+	Materialprozesskosten	6	50,00	300	
+	Rest-Materialgemeinkosten		20 %	400	
–	**Materialkosten**				**2.700**
	Fertigungseinzelkosten			4.000	
+	Maschinenstunden	3	150,00	450	
+	Fertigungsprozesskosten	10	80,00	800	
+	Rest-Fertigungsgemeinkosten		15 %	600	
+	Sondereinzelkosten der Fertigung			200	
=	**Fertigungskosten**				**6.050**
=	**Herstellkosten**				**8.750**

Verwaltungsgemeinkosten		10 %	875	
+ Vertriebsprozesskosten	5	20,00	100	
+ Rest-Vertriebsgemeinkosten		6 %	525	
+ Sondereinzelkosten des Vertriebs			100	
= **Verwaltungs- und Vertriebskosten**				**1.600**
= **Selbstkosten** (pro Stück/pro Auftrag)				**10.350**

Das Ergebnis der Prozesskostenkalkulation liegt um 1.650,00 € über dem der Zuschlagskalkulation mit Gemeinkostenzuschlägen. Unterstellt man, dass die Kostentreiber und die Kosten je Prozess sorgfältig ermittelt wurden, liegt die Vermutung nahe, dass über die Zuschlagskalkulation zu wenig Gemeinkosten auf den Kostenträger verrechnet werden.

9 Zielkostenrechnung (Target Costing)

01. Zielkostenrechnung (Target-Costing), Industrie

Möglicher Marktpreis pro Stück		200,00 €	**200,00**	**Marktpreis** (€/Stk.)
Planabsatz		500 Stück		
Zielkostenermittlung				
Planumsatz		100.000 €		
– Mindestgewinn	15 %	– 15.000 €	**– 30,00**	**Gewinn** (€/Stk.)
= Zwischensumme		85.000 €		
– Vertriebskosten		– 10.000 €		
– Verwaltungskosten		– 9.600 €		
= Zwischensumme		65.400 €		
– Konstruktion		– 20.000 €	**– 170,00**	**Zielkosten** (€/Stk.)
– Arbeitsvorbereitung		– 4.000 €		
– Werkzeuge		– 10.000 €		
= Zwischensumme		31.400 €		
– Materialkosten		– 7.150 €		
= Zulässige Fertigungskosten		**24.250 €**		

Nebenrechnung:

Vertriebskosten	10.000 €		
Verwaltungskosten	9.600 €		
Konstruktion	20.000 €		
Arbeitsvorbereitung	4.000 €		
Werkzeuge	10.000 €		
Materialkosten	7.150 €		
Fertigungskosten	24.250 €		
Gesamtkosten	**85.000 €**	: 500 Stk.	= 170,00 €/Stk.

Wenn es gelingt, die Zielkosten im Rahmen von 170,00 € pro Stück zu halten, beträgt der Marktpreis 200,00 € pro Stück – bei einem Gewinn von 30,00 € pro Stück.

02. Zielkostenrechnung (Target-Costing), Handel

Möglicher Marktpreis pro Stück			400,00 €
Zielkostenermittlung (Handelsbetrieb)			
			Hinweise zur Berechnung
	Bruttoverkaufspreis	400,00 €	
./.	Mehrwertsteuer, 19 %	63,87 €	= 400,00 · 19 : 119
=	Nettoverkaufspreis	336,13 €	
./.	Gewinn, 15 %	43,84 €	= 336,13 · 15 : 115
=	Selbstkosten	292,29 €	
./.	Handlungskosten, 20 %	48,72 €	= 292,29 · 20 : 120
=	Einstandspreis	243,57 €[1]	

[1] Beachten Sie, dass bei der Probe (Vorwärtsrechnung) Rundungsdifferenzen von 0,02 € auftreten.

Der zulässige Einstandspreis darf bei rd. 245,00 € liegen.

10 Kostenmanagement

01. Kostenkontrollrechnung, Über-/Unterdeckung

Bearbeitungsschritte:

1. Berechnung der Ist-Zuschlagssätze; dabei sind die Herstellkosten des Umsatzes auf Istkostenbasis zu ermitteln.

2. Berechnung der Normalgemeinkosten mithilfe der Normal-Zuschlagssätze; dabei sind die Herstellkosten des Umsatzes auf Normalkostenbasis zu ermitteln.

3. Berechnung der Über-/Unterdeckung je Kostenstelle und Analyse der Ergebnisse.

Angaben in €		Material	Fertigung	Verwaltung	Vertrieb	Summe
Kalkulation auf Istkostenbasis	Ist-Gemein-kosten	30.000	154.000	84.480	46.080	314.560
	Zuschlags-grundlage	50.000	140.000	384.000[1]	384.000[1]	
	Ist-Zu-schlagssätze	60 %	110 %	22 %	12 %	
Kalkulation auf Normalkosten-basis	Normalge-meinkosten	25.000	168.000	78.600	39.300	310.900
	Zuschlags-grundlage	50.000	140.000	393.000[2]	393.000[2]	
	Normalzu-schlagssätze	50 %	120 %	20 %	10 %	
Überdeckung (+)			14.000			
Unterdeckung (–)		5.000		5.880	6.780	3.660

[1] Istkosten/Herstellung:			[2] Normalkosten/Herstellung		
	FEK	140.000		FEK	140.000
+	FGK, 110 %	154.000	+	FGK, 120 %	168.000
+	MEK	50.000	+	MEK	50.000
+	MGK, 60 %	30.000	+	MGK, 50 %	25.000
+	Minderbestand	10.000	+	Minderbestand	10.000
=	HKU	384.000	=	HKU	393.000

- Analyse der Wirtschaftlichkeit (Kostenüber-/Kostenunterdeckung) der einzelnen Kostenstellen:

  1. Die Kostenunterdeckung (Normalgemeinkosten < Istgemeinkosten) im Materialbereich könnte beruhen auf, z. B: höheren Lagerkosten.

  2. Die Kostenüberdeckung (Normalgemeinkosten > Istgemeinkosten) im Fertigungsbereich könnte beruhen auf, z.B.: wirtschaftliche Losgrößenfertigung, optimale Instandhaltung, geringer Verschleiß der Werkzeuge.

3. Die Kostenunterdeckung im Verwaltungsbereich könnte beruhen auf, z. B.: höhere Gemeinkosten, höhere Abschreibung aufgrund von Rationalisierungsinvestitionen.

4. Die Kostenunterdeckung im Vertriebsbereich könnte beruhen auf, z. B.: höhere Gemeinkostenlöhne, höhere Energiekosten.

02. Kennzahlen für Steuerungszwecke (Umsatzrendite, Wirtschaftlichkeit)

Insgesamt ergeben sich folgende Kennzahlen der Wirtschaftlichkeit und der Umsatzrendite:

	Produkt 1	Produkt 2	Produkt 3
Selbstkosten	249.934,40 €	314.811,20 €	353.648,00 €
Nettoumsatzerlöse	302.000,00 €	278.000,00 €	385.600,00 €
Betriebsergebnis	52.065,60 €	– 36.811,20 €	31.952,00 €
Wirtschaftlichkeit	302.000 : 249.934,40 = 1,208	278.000 : 314.811,20 = 0,883	385.600 : 353.648,00 = 1,090
Umsatzrendite	52.065,60 · 100 : 302.000 = 17,24 %	– 36.811,20 · 100 : 278.000 = – 13,24 %	31.952 · 100 : 385.600 = 8,29 %

Kommentar:

*   Produkt 2 ist derzeit unwirtschaftlich (Wirtschaftlichkeit < 1) und erbringt eine negative Umsatzrendite. Hier ist eine genaue Kostenanalyse erforderlich. Ziel könnte sein, die Kosten zu senken und/oder die Umsatzerlöse zu erhöhen (Zielvorgabe); ggf. Eliminierung des Produkts. Es könnte jedoch auch der Fall vorliegen, dass sich Produkt 2 in der Markteinführung befindet und die derzeitige Ertragslage dem Unternehmensziel entspricht.

*   Produkt 1 zeigt eine zufriedenstellende Wirtschaftlichkeit; die Umsatzrendite ist ausgezeichnet.

*   Die Ergebnisse bei Produkt 3 sind nicht zufriedenstellend. Die Wirtschaftlichkeit liegt knapp über Eins und die Umsatzrendite bei etwa der Hälfte von Produkt 1. Hier sind entsprechende Maßnahmen erforderlich.

03. Grenzkosten, fixe und variable Kosten, Kostenverläufe

a) Ermittlung der Fixkosten K_f und der variablen Stückkosten k_v:

Bei linearem Verlauf der Gesamtkostenkurve gilt der Differenzenquotient:

$$K' = \frac{\text{Kostenzuwachs}}{\text{Mengenzuwachs}} = \frac{K_2 - K_1}{x_2 - x_1} = \frac{\Delta K}{\Delta x}$$

Die Grenzkosten K' sind bei linearem Gesamtkostenverlauf gleich den variablen Stückkosten k_v ($K' = k_v$). Daher gilt für die Kostenart K_1:

$$K'_1 = k_{v1} = \frac{21.000\ € - 13.500\ €}{8.000\ \text{Std.} - 5.000\ \text{Std.}} = 2,50\ €/\text{Std.}$$

Daraus ergeben sich bei einer Beschäftigung von 5.000 Stunden folgende Fixkosten K_f:

$$K = K_f + x \cdot k_v \quad \rightarrow \quad K_{f1} = K_1 - x \cdot k_{v1}$$

$$= 13.500 - 5.000\ \text{Std.} \cdot 2,5$$

$$= 1.000\ €$$

Analog lassen sich die variablen Stückkosten sowie die Fixkosten für alle weiteren Kostenarten ermitteln (Werte in €).

Kostenart	Monat 1	Monat 2	Grenzkosten = variable Stückkosten		Fixkosten
			Berechnung	$K' = k_v$	K_f
K_1	13.500	21.000	(21.000 – 13.500) : 3.000	2,5	1.000
K_2	13.500	16.500	(16.500 – 13.500) : 3.000	1,0	8.500
K_3	26.000	39.500	(39.500 – 26.000) : 3.000	4,5	3.500
K_4	4.000	4.000	(4.000 – 4.000) : 3000	0,0	4.000
K_5	6.000	6.000	(6.000 – 6.000) : 3.000	0,0	6.000
K_6	12.000	18.000	(18.000 – 12.000) : 3.000	2,0	2.000

b) Bei linearem Verlauf hat eine Kostenfunktion allgemein die Form:

Kosten = Menge (x) · variable Stückkosten (k_v) + Fixkosten (K_f)

$$K_i = x \cdot k_{vi} + K_{fi}$$

Für K_1 ergibt sich daher:

$$K_1 = 2,5\,x + 1.000$$

Insgesamt ergeben sich je Kostenart folgende Kostenfunktionen (Werte in €):

Kostenart	Monat 1	Monat 2	var. Stückkosten $K' = k_v$	Fixkosten K_f	Kostenfunktion $K_i(x)$
K_1	13.500	21.000	2,5	1.000	2,5 x + 1.000
K_2	13.500	16.500	1,0	8.500	1,0 x + 8.500
K_3	26.000	39.500	4,5	3.500	4,5 x + 3.500
K_4	4.000	4.000	0,0	4.000	0,0 x + 4.000
K_5	6.000	6.000	0,0	6.000	0,0 x + 6.000
K_6	12.000	18.000	2,0	2.000	2,0 x + 2.000
$\sum$			10,0	25.000	10,0 x + 25.000

Die Gesamtkostenfunktion $K(x)$ ergibt sich als Addition der einzelnen Kostenfunktionen je Kostenart:

$$K(x) \quad = \sum K_i = \sum k_{vi} \cdot x + \sum K_{fi}$$

$$= 10,0 \ \text{€/Std.} \cdot x \ \text{Std.} + 25.000 \ \text{€}$$

c) Hinweis: Die nachfolgende Wertetabelle für die Grafik wurde aus Gründen der Verständlichkeit umfangreicher gestaltet als dies in einer Klausur erforderlich ist; der Wert für die variablen Stückkosten (= Grenzkosten) kann der Antwort zu b) entnommen werden.

Beschäftigung x (Std.)	Gesamtkosten $K(x) = 10,0 \ x + 25.000$	Stückkosten $k = K(x) : x$	Grenzkosten = variable Stückkosten $K' = k_v$	fixe Stückkosten $k_f = K_f : x$
0	25.000	0,00	10,00	0,00
1.000	35.000	35,00	10,00	25,00
2.000	45.000	22,50	10,00	12,50
3.000	55.000	18,33	10,00	8,33
4.000	65.000	16,25	10,00	6,25
5.000	75.000	15,00	10,00	5,00
6.000	85.000	14,17	10,00	4,17
7.000	95.000	13,57	10,00	3,57
8.000	105.000	13,13	10,00	3,13
9.000	115.000	12,78	10,00	2,78
10.000	125.000	12,50	10,00	2,50

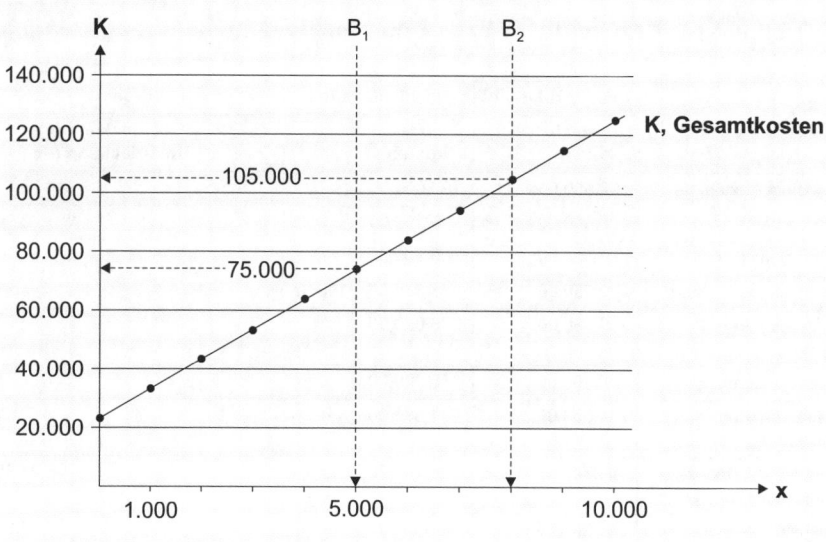

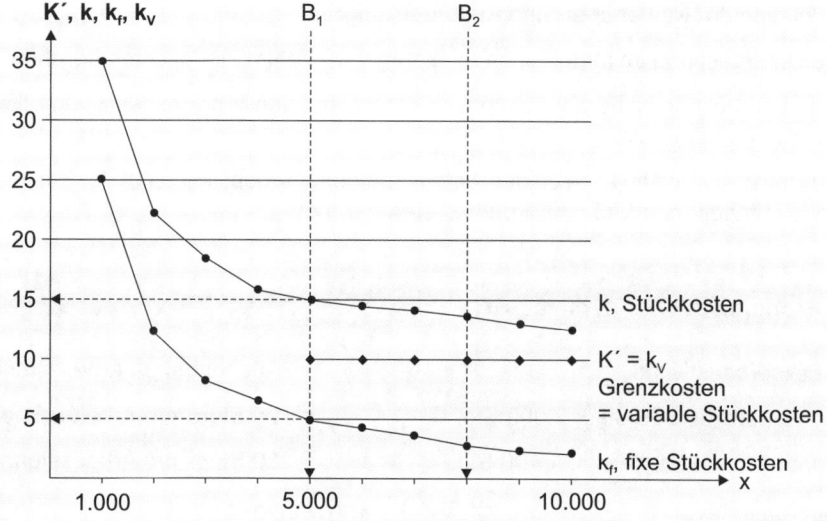

d) Beschreibung der Kostenverläufe:

Gesamtkosten	K	Die Gesamtkosten haben einen proportionalen Verlauf. Sie reagieren im gleichen Maße wie die Beschäftigung.
Stückkosten	k	Die Stückkosten fallen degressiv.
Grenzkosten	$K' = k_v$	Die Grenzkosten (= variable Stückkosten) sind konstant (Parallele zur x-Achse).
variablen Stückkosten		
fixen Stückkosten	k_f	Die fixen Stückkosten fallen degressiv und nähern sich (asymptotisch) der x-Achse.

04. Ermittlung der Kostenüber- bzw. -unterdeckung eines Auftrags

	Vorkalkulation		Nachkalkulation		
	Normal-kosten	%	Ist-kosten	%	Überdeckung (+) Unterdeckung (–)
Materialeinzelkosten	90.000,00		90.000,00		
Materialgemeinkosten	5.400,00	6	8.300,00	9,22	– 2.900,00
Fertigungslohnkosten	80.500,00		80.500,00		
Fertigungsgemeinkosten	120.750,00	150	117.830,00	146,37	2.920,00
Herstellkosten der Fertigung	296.650,00		296.630,00		
Bestandsminderung	15.000,00		15.000,00		
Herstellkosten des Umsatzes	311.650,00		311.630,00		
Verwaltungs-/Vertriebs-gemeinkosten	46.747,50	15	71.700,00	23,01	– 24.952,50
Selbstkosten	358.397,50		383.330,00		– 24.932,50

Interpretation der Kostenüber- und -unterdeckung:

- Die Unterdeckung im Materialbereich könnte auf Fehlmengenkosten beruhen.

- Die Überdeckung im Fertigungsbereich kann durch den Mindereinsatz von Hilfspersonal begründet sein.

- Die Unterdeckung im Bereich der Verwaltung/des Vertriebs kann auf der Einstellung eines Mitabeiters oder Logistikmehrkosten beruhen.

05. Produktivität, Rentabilität, ROI

a) Arbeitsproduktivität   = Ausbringung : Arbeitsstunden

Monat Mai: 50.000 Stk. : 2.000 Std.   = 25 Stück pro Arbeitsstunde

Monat Juni: 42.000 Stk. : 1.400 Std.   = 30 Stück pro Arbeitsstunde

Veränderung: $\dfrac{30 - 25}{25} \cdot 100 = 20\,\%$

Die Arbeitsproduktivität ist um 20 % gestiegen. Als Ursachen kommen z. B. infrage:

• Rückgang von Störungen im Fertigungsablauf
• verbesserte Leistung der Mitarbeiter pro Zeiteinheit

b) Die Rentabilität misst die „Ergiebigkeit des Faktors Kapital". Insofern ist bei einer gestiegenen Arbeitsproduktivität eine Konstanz der Gesamtkapitalrentabilität möglich; folgende Fälle sind z. B. denkbar:

- die Ergiebigkeit des Einsatzes beim Faktor Kapital verändert sich <u>mengenmäßig</u>, z. B.
  - Maschinenausfall
  - Materialverbrauch

- das Ergebnis des Leistungsprozesses verändert sich <u>wertmäßig</u>, z. B.:
  - veränderte Materialkosten
  - veränderte Personalkosten

- die <u>Struktur des Kapitaleinsatzes</u> verändert sich (Verhältnis von Eigenkapital und Fremdkapital)

c) Z. B.:

$$\text{ROI} = \frac{\text{Return}}{\text{Umsatz}} \cdot \frac{\text{Umsatz}}{\text{Kapitaleinsatz}} \cdot 100$$

d) Beispiele:

- die Rentabilität wird ermittelt als
  - Umsatzrentabilität   und/oder als
  - Kapitalrentabilität   und diese wiederum

- als Rentabilität des Eigenkapitals   oder
- als Rentabilität des Fremdkapitals   oder
- als Rentabilität des Gesamtkapitals

06. Operative Instrumente (Kennzahlen, Controlling) und Budgetkontrolle

a1) Ist-Ist-Vergleich:

- Ist-Ist-Vergleich: Aspekt „Menge" (= Absatz):

  Absatz 2009: 450 Stück
  Absatz 2010: 460 Stück

  Die Änderungsrate (= Δx) lautet:

  $$\Delta x = \frac{x_{2010} - x_{2009}}{x_{2009}} \cdot 100 = (460 \text{ Stk.} - 450 \text{ Stk.}) : 450 \text{ Stk.} \cdot 100 = 2,22 \%$$

- Ist-Ist-Vergleich: Aspekt „Wert" (= Umsatz):

  Die Berechnung erfolgt analog zu oben:

  $$\Delta U = (45.200 \text{ €} - 40.400 \text{ €}) : 40.400 \text{ €} \cdot 100$$

  $$= 11,88 \%$$

- Ist-Ist-Vergleich: Aspekt „Erlöse pro Stück":

  2009: 40.400 € : 450 Stk. = 89,78 €/Stk.
  2010: 45.200 € : 460 Stk. = 98,26 €/Stk.

  Δ U/Stk.   = (98,26 €/Stk. – 89,78 €/Stk.) : 89,78 €/Stk. · 100
                      = 9,45 %

a2) Soll-Ist-Vergleich:

- Soll-Ist-Vergleich: Aspekt „Menge":

  die Änderungsrate lautet:

  $$\Delta x = \frac{x_{Ist} - x_{Soll}}{x_{Soll}}$$

  = (460 Stk. – 450 Stk.) : 450 Stk. · 100
  = 2,22 %

- Soll-Ist-Vergleich: Aspekt „Wert":

  Δ U = (45.200 – 48.000) : 48.000 · 100

     = – 5,83 %

- Soll-Ist-Vergleich: Aspekt „Erlöse pro Stück":

  Δ U/Stk = (98,26 – 106,67) : 106,67 · 100

     = – 7,88 %

b) Die Präsentation könnte folgendermaßen aussehen:

Präsentation als Tabelle:

	Veränderungen gegenüber dem Vorjahr 2009/2010	Abweichungen vom Budget (Ist 2010/Soll 2010)
Absatz	+ 2,22 %	+ 2,22 %
Umsatz	+ 11,88 %	– 5,83 %
Erlöse pro Stück	+ 9,45 %	– 7,88 %

Präsentation als Chart in Form eines Säulendiagramms:

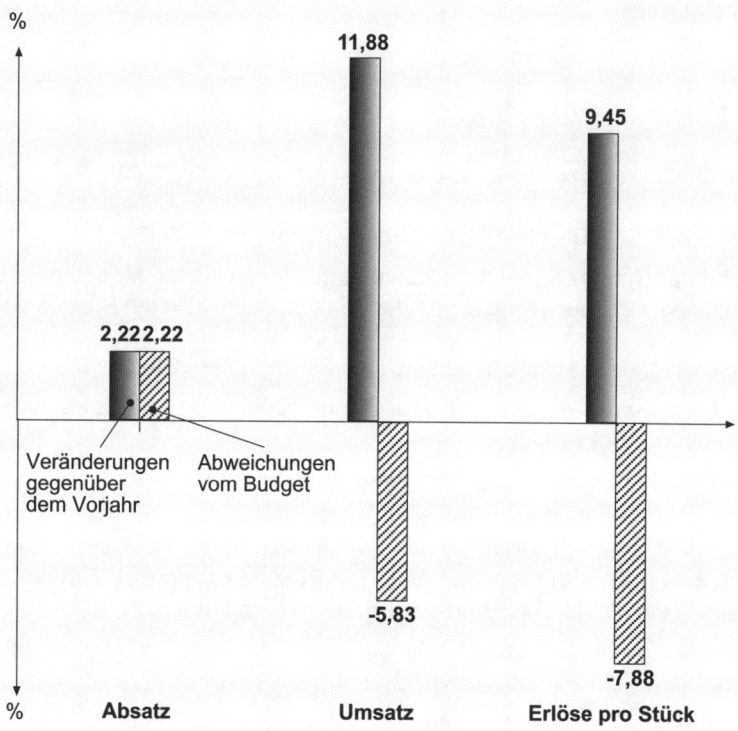

07. Analyse einer Geschäftsentwicklung

Es bedeutet: x = Absatz K_f = fixe Kosten
            G = Gewinn k_v = variable Kosten
            U = Umsatz $k_{v/Stk.}$ = variable Kosten pro Stück

- Die Ist-Analyse ergibt:

G	=	1,5 %	↓
x	=	25 %	↓
U	=	ca. konstant	→

- Die Zielfunktion lautet im Allgemeinen:

$G = U - K$
$\quad = x \cdot p - K_f - x \cdot k_v$
$\quad = x\,(p - k_v) - K_f$

Daraus ergibt sich:

$$\frac{G}{x\downarrow} = p - k_v - \frac{K_f}{x\downarrow} \qquad \text{sowie}$$

$$\overline{U} = x\downarrow \cdot p$$

• Als Ursache-Wirkungszusammenhänge kommen z. B. infrage:

(1) Wenn der Umsatz annähernd konstant geblieben ist, die Menge aber um 25 % rückläufig war, muss eine Erhöhung des durchschnittlichen Preises vorliegen.

(2) • Bei sinkendem Absatz haben sich die Fixkosten pro Stück erhöht.

  • Bei annähernd konstantem Gewinn und sinkendem Absatz hat sich der Gewinn pro Stück erhöht.

  • Unterstellt man kurzfristig unveränderte Produktionsbedingungen, so sind die variablen Kosten pro Stück konstant geblieben.

  • Bei gestiegenen Stückgewinnen, konstanten variablen Stückkosten und gestiegenen fixen Stückkosten muss die Preiserhöhung (absolut) höher ausgefallen sein als der Anstieg der fixen Stückkosten (absolut).

$$\uparrow \frac{G}{x} = \uparrow p - \frac{K_v}{x} - \frac{K_f}{x} \uparrow$$

08. Kennzahlenanalyse

a) Maschinenproduktivität = 35.000 E : 46.000 Masch.std.
$\qquad\qquad\qquad\qquad\quad$ = 0,7609 E/Masch.std.

  Arbeitsproduktivität $\quad$ = 35.000 E : 30.000 Arb.Std.
$\qquad\qquad\qquad\qquad\quad$ = 1,1667 E/Arb.std.

  Kapitalrentabilität $\qquad$ = 60.000 € · 100 : 600.000 €
$\qquad\qquad\qquad\qquad\quad$ = 10,0 %

  Wirtschaftlichkeit $\qquad$ = 2.000.000 € : 1.900.000 €
$\qquad\qquad\qquad\qquad\quad$ = 1,0526

b) Die Produktivität ist eine Verhältniszahl, die Mengengrößen gegenüberstellt und mit der die Ergiebigkeit einer Faktoreinsatzmenge zur Ausbringungsmenge gemessen wird – zum Beispiel als „Arbeitsproduktivität" oder als „Maschinenproduktivität".

Analytische Aussagen lassen sich bei dieser Kennzahl nur aufgrund eines innerbetrieblichen Vergleichs im Zeitablauf oder aufgrund eines zwischenbetrieblichen Vergleichs treffen. Isolierte Ergebnisse – wie im vorliegenden Fall – erlauben keine Interpretation.

c) Beispielrechnung:
- Situation „alt":   Kapitalrentabilität = 60.000 € · 100 : 600.000 € = 10,0 %

$$\text{Wirtschaftlichkeit} = 2.000.000 € : 1.900.000 € = 1,0526$$

- Situation „neu":
Angenommen, in der Folgeperiode gelingt es, die Kosten von 1.900 Tsd. € auf 1.700 Tsd. € zu reduzieren, so ergibt sich bei gleichbleibenden Leistungen:

$$\text{Wirtschaftlichkeit} \quad = 2.000.000 € : 1.700.000 € = 1,1765$$

In der Regel wird eine Reduzierung der Kosten zu einer Erhöhung des Gewinns und damit zu einer Verbesserung der Kapitalrendite führen.

$$\text{Kapitalrendite} \quad = 65.000 € · 100 : 600.000 € = 10,83 \%$$

Sollte jedoch der Kapitaleinsatz gleichzeitig ansteigen, so kann die Kapitalrendite gleich bleiben oder sich sogar verschlechtern:

Angenommenes Zahlenbeispiel:
- Gewinnveränderung: Anstieg von 60.000 € auf 65.000 €
- Kapitaleinsatz: Anstieg von 600.000 € auf 750.000 €
- Kapitalrendite: 65.000 · 100 : 750.000 = 8,67 %

09. Vor- und Nachkalkulation

a) Nettoverkaufspreis, Vorkalkulation

Angaben in €

Kalkulationsschema			Vorkalkulation, Normalkosten
	MEK		1.000,00
+	MGK	50 %	500,00
=	**MK**		**1.500,00**
	FEK		2.000,00
+	FGK	120 %	2.400,00
=	**FK**		**4.400,00**
=	**Herstellkosten des Umsatzes**		**5.900,00**
+	VwGK	15 %	885,00
+	VtGK	10 %	590,00
+	Sondereinzelkosten des Vertriebs		625,00
=	Selbstkosten des Vertriebs		8.000,00
+	Gewinn	20 %	1.600,00
=	Barverkaufspreis		9.600,00
+	Kundenskonto, 2 %		195,92
=	Zielverkaufspreis		9.795,92
+	Kundenrabatt, 10 %		1.088,44
=	**Nettoverkaufspreis**		**10.884,36**

Berechnungsschritte:

1. Auf der Basis der Selbstkosten des Umsatzes sind 20 % Gewinn zu kalkulieren („vom 100").

2. Kundenskonto-Berechnung: Berechnungsbasis ist der Zielverkaufspreis; Achtung: „vom verminderten Wert"/Barverkaufspreis („auf 100"); Beispiel:

   Gegeben: 98 % = Barverkaufspreis = 9.600,00
   _____2 %___=_Skonto_____=_x_____

   Gesucht   x   = 9.600 · 2 : 98   = 195,92
   Probe: 2 %   von 9.795,92   = 195,92

3. Kundenrabatt-Berechnung: „vom verminderten Wert"/Zielverkaufspreis; analog zu Kundenskonto:

   $$x = 9.795,92 \cdot 10 : 90 = 1.088,44$$

b) *Berechnungsschritte:*

1. Für die Nachkalkulation werden die tatsächlichen Werte des Auftrags der Kostenrechnung entnommen und den Normalkosten der Vorkalkulation gegenübergestellt.

2. Ist der Angebotspreis verbindlich, führt eine Kostenunterdeckung (Istkosten > Normalkosten) zu einer Gewinnschmälerung und umgekehrt.

	Kalkulations-schema	Vorkalkulation Normalkosten		Nachkalkulation Istkosten		Abweichung (+) Kostenüber-deckung (−) Kostenunter-deckung
	MEK		1.000,00		1.200,00	− 200,00
+	MGK	50 %	500,00	~ 41,67 %	500,00	0,00
=	MK		1.500,00		1.700,00	− 200,00
	FEK		2.000,00		2.200,00	− 200,00
+	FGK	120 %	2.400,00	~113,64 %	2.500,00	− 100,00
=	FK		4.400,00		4.700,00	− 300,00
=	Herstellkosten des Umsatzes		5.900,00		6.400,00	− 500,00
+	VwGK	15 %	885,00	13,75 %	880,00	+5,00
+	VtGK	10 %	590,00	~ 9,38 %	600,00	− 10,00
+	Sondereinzelkosten des Vertriebs		625,00		700,00	− 75,00
=	Selbstkosten des Vertriebs		8.000,00		8.580,00	− 580,00

+	Gewinn	20 %	1.600,00	~ **11,89 %**	1.020,00	**– 580,00**
=	Barverkaufspreis		9.600,00		9.600,00	
+	Kundenskonto, 2 %		195,92			
=	Zielverkaufspreis		9.795,92			
+	Kundenrabatt, 10 %		1.088,44			
=	Nettoverkaufs-preis		10.884,36			

Analyse:
Gegenüber der Vorkalkulation führt die Kostenunterdeckung bei fast allen Kosten-arten zu einer Gewinnschmälerung: Die Gewinnspanne sinkt von 20 % (kalkuliert) auf tatsächlich 11,89 %. Die Gewinneinbuße beträgt 580,00 €. Die Ursache(n) für die Kostenüberschreitungen ist gründlich zu untersuchen. Lassen sich die Istkosten im vorliegenden Fall nicht verändern, müssen die Normal-Zuschlagssätze korrigiert werden. Erfolgt keine Korrektur, besteht die Gefahr, dass auch andere Angebots-preise „falsch" kalkuliert sind und ggf. zu einer Gewinneinbuße führen – in der Praxis eine gefährliche Entwicklung.

10. Analyse eines Kostenstellenreports

Maßnahmen zur Gegensteuerung bei Abweichungen > 5 %:

1. RHB-Stoffe:

   Analyse des Stoffverbrauchs in Zusammenarbeit mit der Verwaltung:
   • Liegt eine Mengenabweichung oder eine Preisabweichung vor?
   • Bei Preisabweichung: Verhandlung mit dem Lieferanten (Rabattstaffel, Bonus-system, Reduzierung der Transportkosten u. Ä.).
   • Bei Mengenabweichungen: Analyse der Ursachen unter Einbeziehung der Mitar-beiter
   • Prüfen, ob konsequent Skonto genutzt wird.
   • Überprüfen, ob die Bestellmengen optimal sind (z. B. Andler-Formel).
   • Keine Verschwendung bei Verbrauchsmaterialien (Reinigungsmittel, Putzwolle, Hilfsstoffe).

2. Versicherungen:

   • In Zusammenarbeit mit der Verwaltung:
   Auflisten aller relevanten Versicherungen nach Höhe des Risikos und jährlicher Beitragssumme; heranzuziehen sind Wertgutachten, Anlagespiegel, Verzeichnis der geringwertigen Wirtschaftsgüter, aktuelle Lagerbewegung, Versicherungspoli-cen.
   • Entscheidung, welche Versicherung der Betrieb tatsächlich benötigt (angemes-senes Kosten-Nutzen-Verhältnis, Quantifizierung des Schadensfallrisikos im Ver-hältnis zur Jahresprämie; ggf. nicht notwendige Versicherungen kündigen.

• Einholen von Alternativangeboten, Vergleich der Angebote (Prämie/Leistung) und ggf. Wechsel der Versicherung.

3. Instandhaltung:

  • Analyse:
    In welchem Monat war die Abweichung?
    Durch welche Instandhaltungsmaßnahme wurde die Abweichung verursacht?
    War die Abweichung vermeidbar/nicht vermeidbar?
  • Alternativen prüfen:
    Änderung der Instandhaltungsstrategie?
    Outsourcing der Instandhaltungsarbeiten?

4. Energiekosten:

  Analyse des Energieverbrauchs in Zusammenarbeit mit der Verwaltung:
  • Liegt eine Mengenabweichung oder eine Preisabweichung vor?
  • Bei Preisabweichung: ggf. Wechsel des Versorgungsunternehmens, Wechsel des Energieträgers, Bezug der Energieleistung im Verbund mit regional ansässigen Unternehmen u. Ä.
  • Bei Verbrauchsabweichungen:
    – Ursachen ermitteln (Wann? Welche Verbrauchsstelle?).
    – Ggf. zusätzliche Messeinheiten einbauen (wirtschaftlich vertretbar).
    – Nutzen neuer Technologie: Energiesparlampen, hohe Effizienzklasse der Verbrauchsgeräte (Einkauf/Lastenheft), Möglichkeiten der Energierückgewinnung nutzen, soweit wirtschaftlich vertretbar.
    – Arbeitsanweisung in Zusammenarbeit mit den Mitarbeitern erstellen, z. B.:
      Leckagen sofort beseitigen;
      Verbraucher ausschalten, wenn sie nicht mehr benötigt werden;
      Einsatz verbesserter Regelungstechnik.

11 Betriebsstatistik

01. Umsatzentwicklung, Liniendiagramm

a) Entwicklung der Monatsumsätze der Metallbau GmbH

Darstellung als Liniendiagramm:

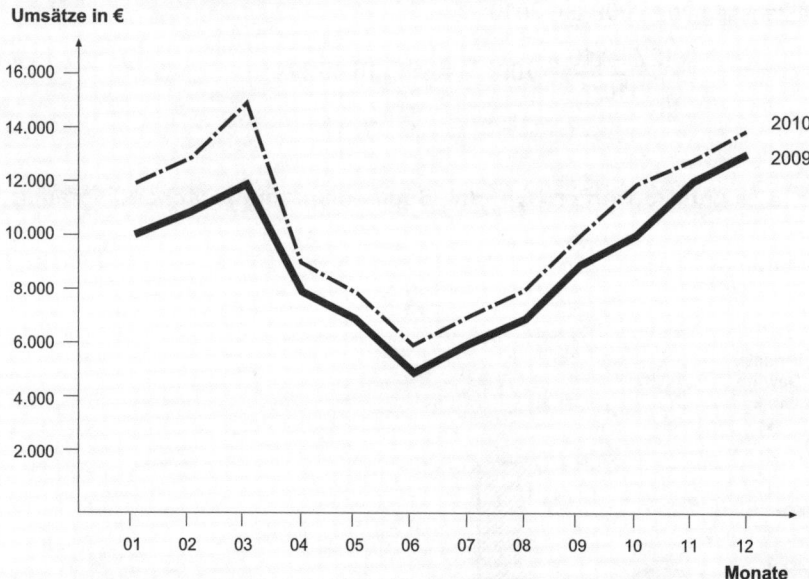

Darstellung als Flächendiagramm:

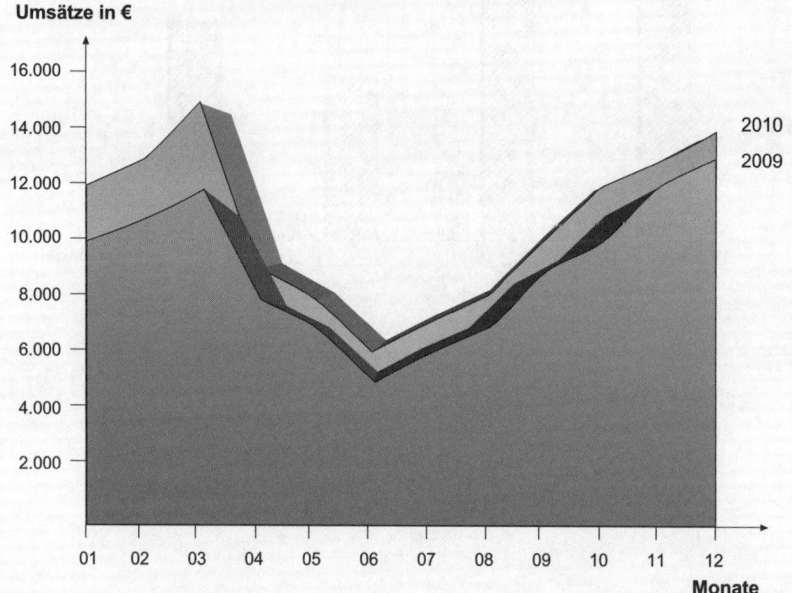

b) - Der Umsatz in 2010 lag deutlich über dem Vorjahresniveau.
   - Der Trend ist in beiden Jahren ähnlich.
   - Die Umsatzentwicklung ist saisonabhängig.

c) Jahr 2009: $\sum x_i : n$ =   110.000 € : 12   =   9.166,67 €

   Jahr 2010: $\sum x_i : n$ =   127.000 € : 12   =   10.583,33 €

d) Umsatzanstieg von 2009 auf 2010:

$$\Delta U \quad = \quad \frac{127 - 110}{110} \cdot 100 \quad = \quad 15,45 \ \%$$

02. Umsätze und Gewinn pro Quartal, Säulendiagramm, Flächendiagramm

Säulendiagramm

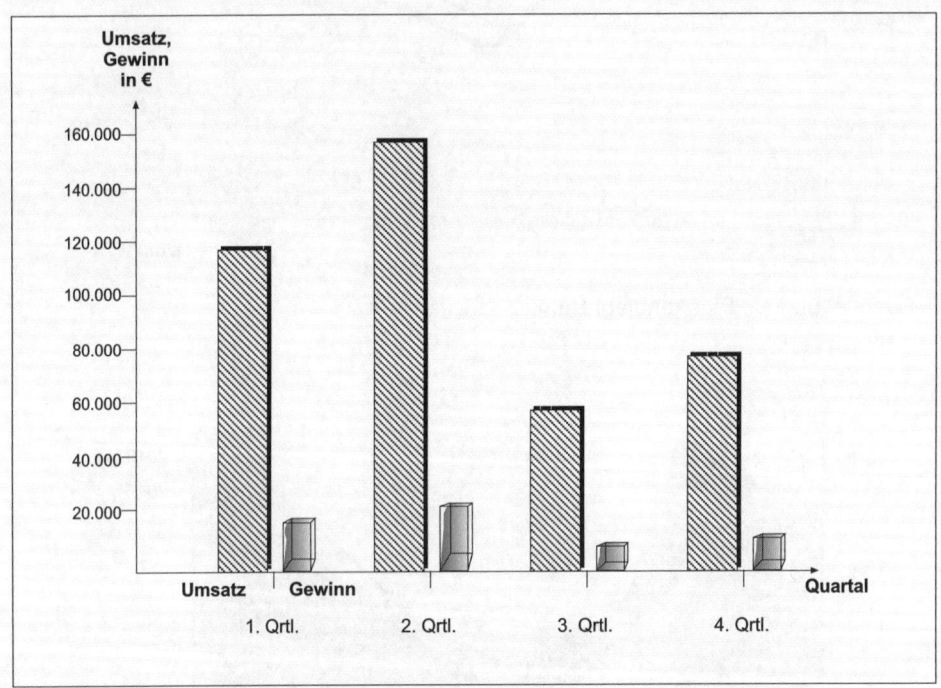

Flächendiagramm:

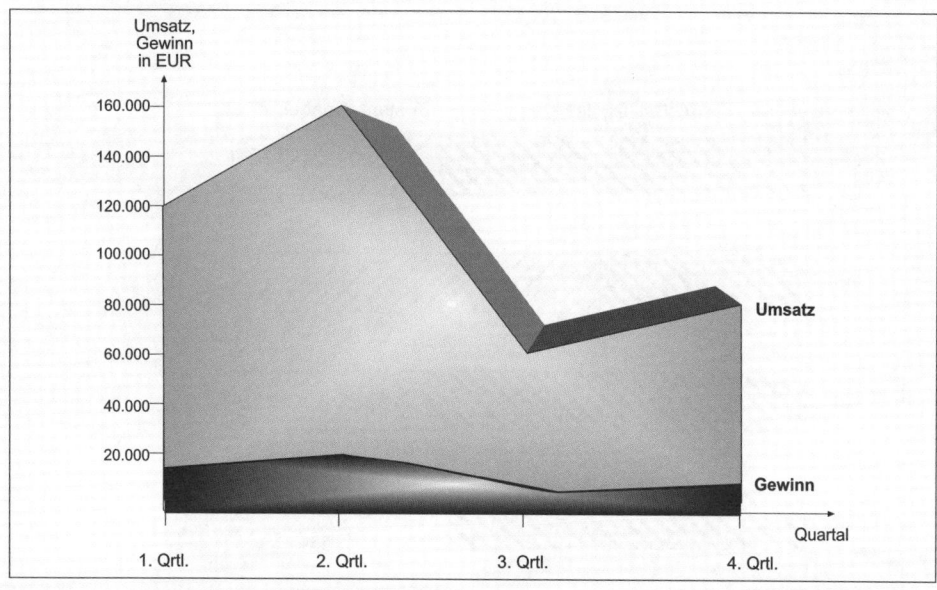

Kommentar. Das Säulendiagramm ist vom „Auge" leichter zu erfassen und aussagekräftiger als das Flächendiagramm.

03. Kosten pro Quartal, Stabdiagramm

a) Strukturdiagramm, horizontal, Absolutbeträge

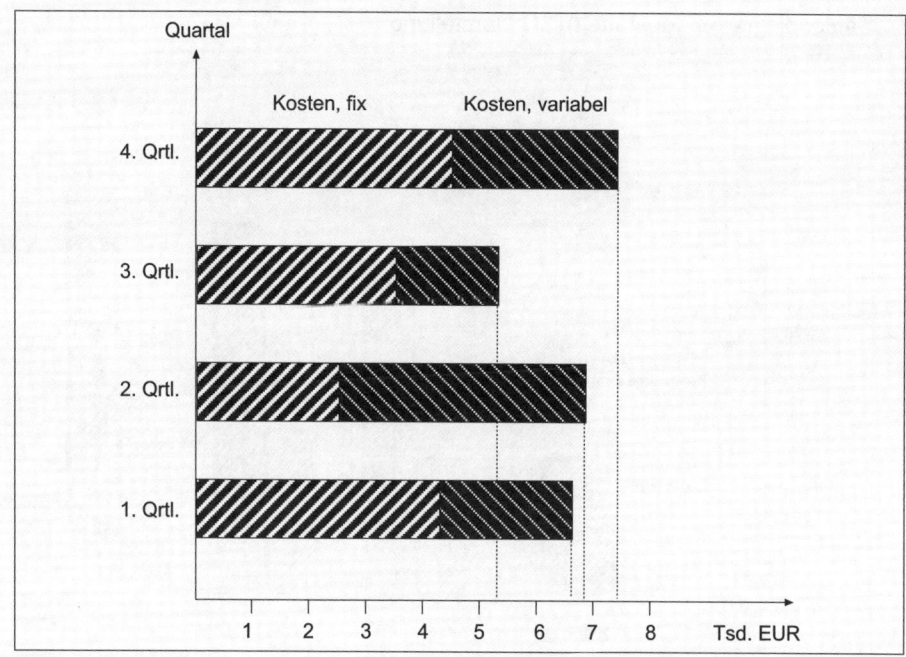

b) Strukturdiagramm, horizontal, auf 100 % normiert

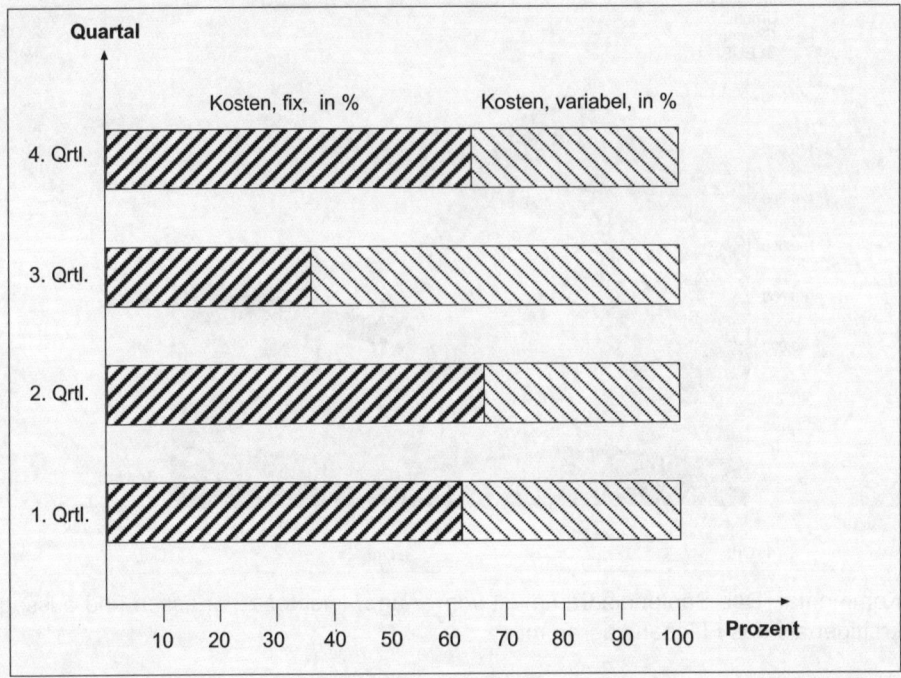

Säulendiagramm (gestaffelt), 3D-Darstellung:

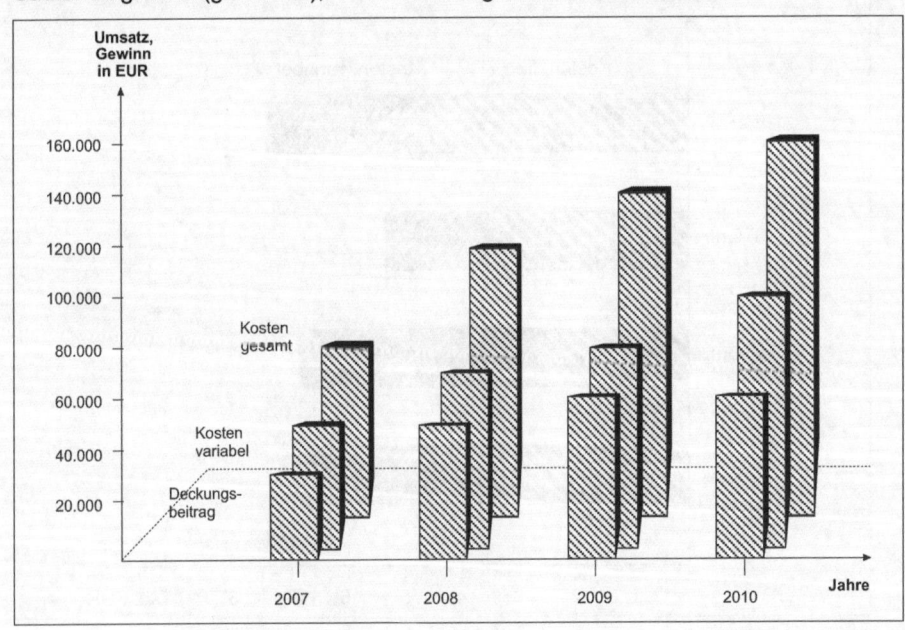

Liniendiagramm (mit Knoten):

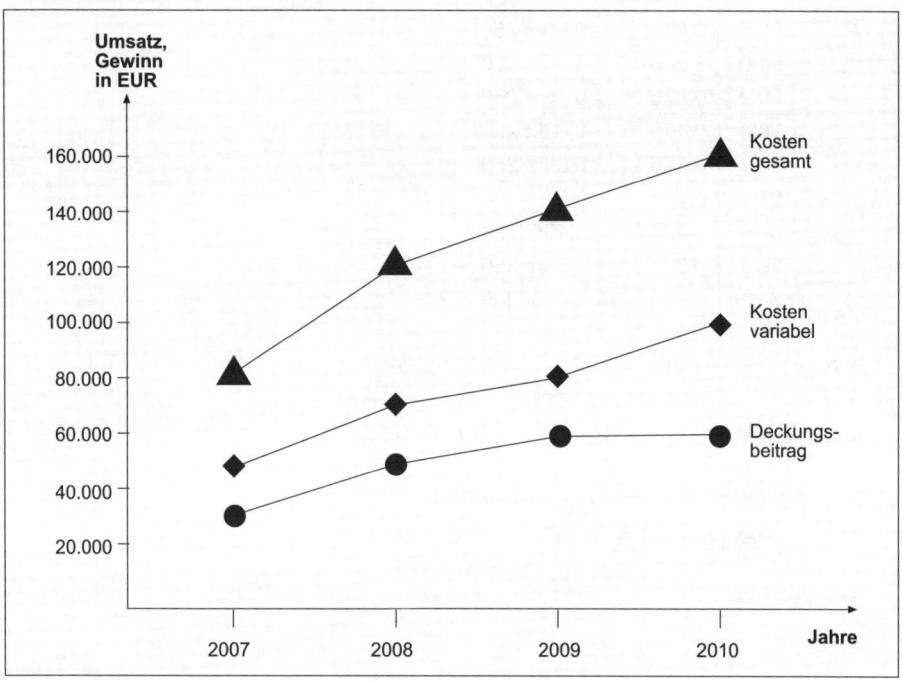

05. Arithmetisches Mittel, Modalwert, Standardabweichung

a) durchschnittlicher Wirkungsgrad:

x_i	90,3	91,6	90,9	90,4	90,3	91,0	87,9	89,4	$\sum x_i$
									721,8

$$\bar{x} = \frac{\sum x_i}{n} = \frac{721,8}{8} = 90,225$$

b) Standardabweichung:

Achtung: Bei einer Stichprobe muss die empirische Varianz berechnet werden; Nenner: (n–1) nicht n.

$$s^2 = \frac{\sum (x_i - \bar{x})^2}{n-1} = \frac{9,075}{7} = 1,296$$

x_i	$x_i - \bar{x}$	$(x_i - \bar{x})^2$
90,3	0,075	0,0056250
91,6	1,375	1,8906250
90,9	0,675	0,4556250
90,4	0,175	0,0306250
90,3	0,075	0,0056250
91,0	0,775	0,6006250
87,9	– 2,325	5,4056250
89,4	– 0,825	0,6806250
$\sum$ 721,8		9,0750000

$$s = \sqrt{s^2} = \sqrt{1{,}296} = 1{,}14$$

c) häufigster Wert = Modalwert: $\rightarrow M_o = 90{,}3$

d) Der absolut größte Fehler ist definiert als:

$\Delta_{xmax} = \max |x_i - \bar{x}| = 2{,}325$

Arbeitstabelle:

$|x_i - \bar{x}|$	
0,075	
1,375	
0,675	
0,175	
0,075	
0,775	
2,325	$\leftarrow \Delta x_{max}$
0,825	

06. Spannweite

a) Die Spannweite (= Range) ist:

$$R = x_{max} - x_{min} = 91{,}6 - 87{,}9 = 3{,}7$$

b) Die Spannweite ist einfach zu berechnen. Sie hat aber den Nachteil, dass sie nur durch zwei Stichprobenwerte bestimmt ist, während die übrigen Werte unberücksichtigt bleiben. Sie eignet sich daher nur bei kleinem Stichprobenumfang.

07. Anteile, Kreisdiagramm

100 %	→	360 °
1 %	→	3,6 °

14 %	→	50,4 °
18 %	→	64,8 °
28 %	→	100,8 °
40 %	→	144,0 °

100 %		360,0 °

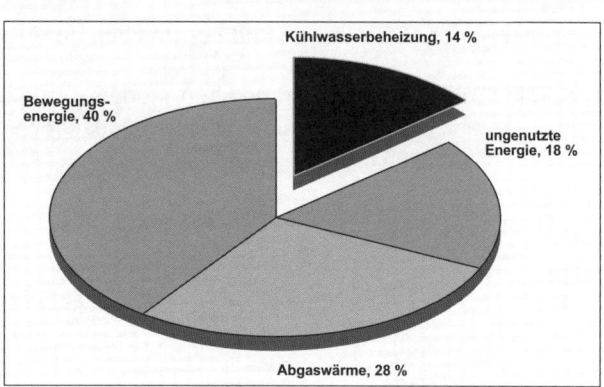

Kühlwasserbeheizung, 14 %

Bewegungs-energie, 40 %

ungenutzte Energie, 18 %

Abgaswärme, 28 %

08. ABC-Analyse (1)

Artikel-nummer	Verbrauch/Monat in Einheiten	Preis je Einheit in €	Verbrauchs-wert je Monat in €	Sortierung (fallende Verbr.-Wert)		ABC-Klasse
				Art. Nr.	Wert i. €	
9004	30.000,00	0,30	9.000,00	19842	45.000,00	A
9790	15.000,00	0,10	1.500,00	49423	25.000,00	A
10576	200,00	3,00	600,00	9004	9.000,00	B
11362	5.000,00	0,08	400,00	21546	6.000,00	B
12148	8.000,00	0,04	320,00	59418	5.000,00	B
12934	500,00	0,50	250,00	22824	3.000,00	C
13720	720,00	0,25	180,00	9790	1.500,00	C
18990	6.000,00	0,02	120,00	21972	1.350,00	C
19416	10.000,00	0,07	700,00	19416	700,00	C
19842	9.000,00	5,00	45.000,00	10576	600,00	C
20268	250,00	1,40	350,00	53421	500,50	C
20694	6.000,00	0,01	60,00	11362	400,00	C
21120	4.000,00	0,07	280,00	57419	380,00	C
21546	1.200,00	5,00	6.000,00	20268	350,00	C
21972	1.500,00	0,90	1.350,00	12148	320,00	C
22398	600,00	0,05	30,00	55420	300,00	C
22824	800,00	3,75	3.000,00	21120	280,00	C
45425	10,00	15,00	150,00	12934	250,00	C
47424	315,00	0,73	229,95	47424	229,95	C
49423	200,00	125,00	25.000,00	51422	200,00	C
51422	4.000,00	0,05	200,00	13720	180,00	C
53421	715,00	0,70	500,50	45425	150,00	C
55420	15.000,00	0,02	300,00	18990	120,00	C
57419	2.000,00	0,19	380,00	20694	60,00	C
59418	5.000,00	1,00	5.000,00	22398	30,00	C

09. ABC-Analyse (2)

a) Erstellen der ABC-Analyse und beschreiben der Arbeitsschritte:

1. Schritt: Ermittlung des wertmäßigen Monatsverbrauchs und Vergabe einer Rangzahl: Die Artikelgruppe mit dem höchsten wertmäßigen Verbrauch erhält die Rangzahl 1 usw.

Rang-zahl	Artikel-Gruppe	Verbrauch je Monat in Einheiten (E)	Preis je Einheit in €	(Preis · Verbrauch) in €
10	900	1.000	0,70	700
8	979	4.000	0,20	800
1	105	3.000	3,80	11.400
4	113	6.000	1,00	6.000
3	121	1.000	7,00	7.000
2	129	16.000	0,50	8.000
7	137	9.000	0,10	900
5	189	400	3,00	1.200
6	194	600	2,00	1.200
9	215	4.000	0,20	800
Σ				38.000

2. Schritt: Sortierung des Zahlenmaterials entsprechend der Rangzahl in fallender Reihenfolge.

Rang-zahl	Artikel-Gruppe	Verbrauch je Monat in Einheiten (E)	Preis je Einheit in €	(Preis · Verbrauch) in €
1	105	3.000	3,80	11.400
2	129	16.000	0,50	8.000
3	121	1.000	7,00	7.000
4	113	6.000	1,00	6.000
5	189	400	3,00	1.200
6	194	600	2,00	1.200
7	137	9.000	0,10	900
8	979	4.000	0,20	800
9	215	4.000	0,20	800
10	900	1.000	0,70	700
Σ				38.000

3. Schritt: - Ermittlung des wertmäßigen Monatsbedarfs in Prozent zum gesamten wertmäßigen Monatsbedarfs sowie kumuliert

- Anteil der Artikelgruppe in Prozent zur Gesamtzahl der Artikelgruppen sowie kumuliert

Rang-zahl	Artikel-Gruppe	(Preis · Verbrauch) in €	%-Anteil Verbrauch	%-Anteil Verbrauch, kumuliert
1	105	11.400	30,00	30,00
2	129	8.000	21,05	51,05
3	121	7.000	18,42	69,47
4	113	6.000	15,78	85,25
5	189	1.200	3,16	88,41
6	194	1.200	3,16	91,57
7	137	900	2,37	93,94
8	979	800	2,11	96,05
9	215	800	2,11	98,16
10	900	700	1,84	100,00
	$\sum$	38.000	100,00	

Rang-zahl	Artikelgruppe	%-Anteil, Anzahl	%-Anteil, Anzahl, kumuliert
1	105	10	10
2	129	10	20
3	121	10	30
4	113	10	40
5	189	10	50
6	194	10	60
7	137	10	70
8	979	10	80
9	215	10	90
10	900	10	100
		100	

b) Klassifizierung:

Rangzahl	Artikel-Gruppe	%-Anteil, Verbrauch kumuliert	%-Anteil, Anzahl kumuliert	Klassifikation
1	105	30,00	10	A
2	129	51,05	20	A
3	121	69,47	30	B
4	113	85,25	40	B
5	189	88,41	50	B
6	194	91,57	60	C
7	137	93,94	70	C
8	979	96,05	80	C
9	215	98,16	90	C
10	900	100,00	100	C

c) Grafische Darstellung der Verteilung:

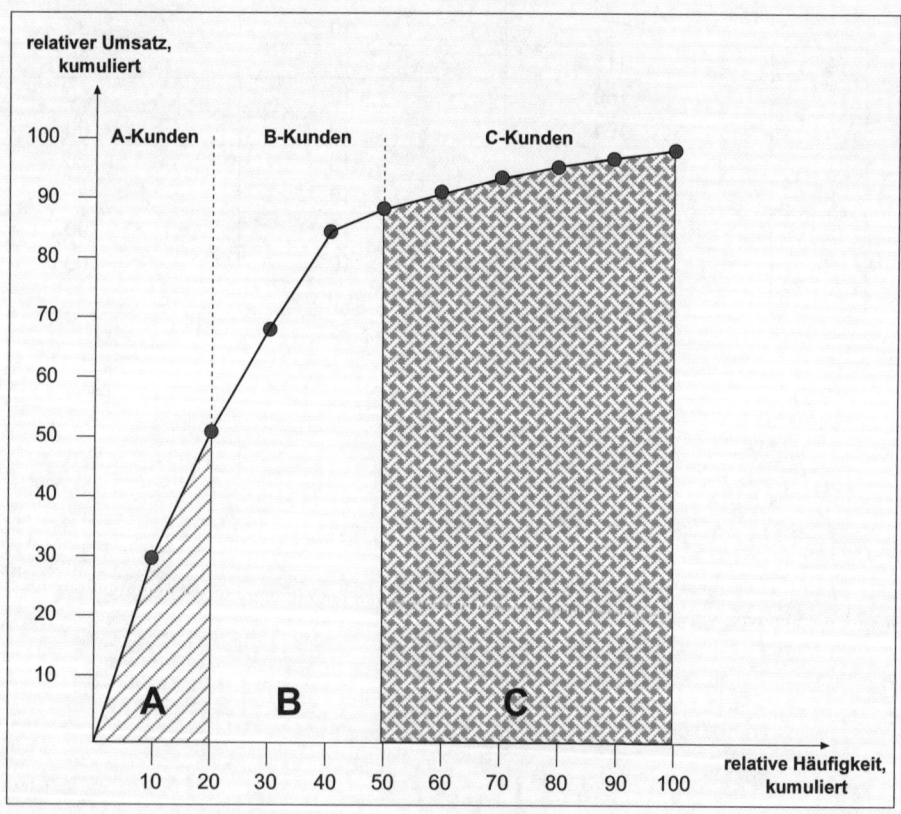

10. Stichproben-Analyse, grafische Darstellung

a) Analyse des Datenmaterials:

Qualitäts-standard	Stichprobe „alt"		Stichprobe „neu"	
	absolut	in %	absolut	in %
1	10	16,67	24	30,00
2	15	25,00	30	37,50
3	20	33,33	14	17,50
4	10	16,67	8	10,00
5	5	8,33	4	5,00
$\sum$	60	100,00	80	100,00

Darstellung als Balkendiagramm, vertikal:

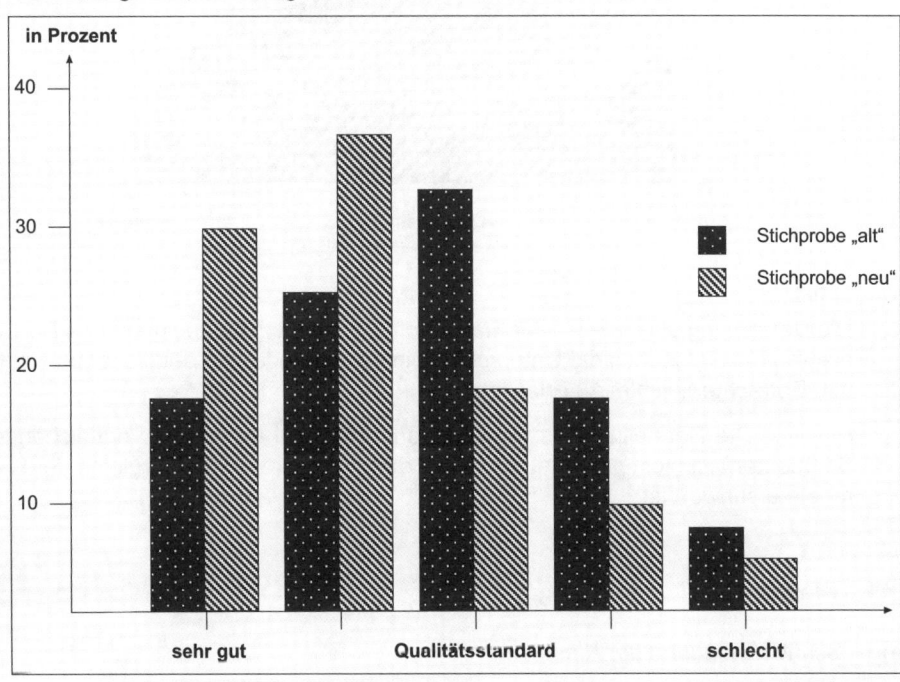

b) Alternativ: Darstellung als Liniendiagramm oder wie unten als Flächendiagramm

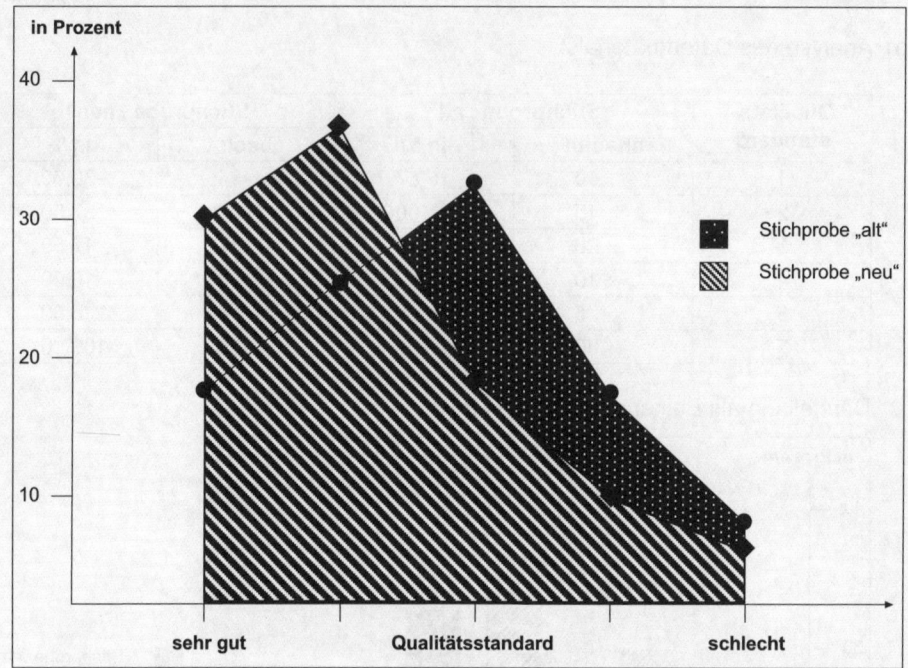

Vergleich:

• Die Darstellung als Linien- oder Flächendiagramm ist zwar geeignet; das Balkendiagramm zeigt jedoch die Unterschiede in der Veränderung deutlicher und ist für
den Betrachter leichter zu erfassen.

• Hinweis: Die Darstellung als Kreisdiagramm (= zwei Kreise mit vergleichenden
Segmenten) ist nicht geeignet, da dem Betrachter der visuelle Vergleich der Segmente erschwert ist.

11. Klasseneinteilung, Histogramm

a) 1. Schritt: *Ermittlung der Klassen* k

$$k = \sqrt{n}$$ Im Beispiel: $k = \sqrt{30} \approx 5$

2. Schritt: *Ermittlung der Klassenbreite* w

$$w = \frac{R}{k}$$ mit R =   Spannweite (= Range) = $x_{max} - x_{min}$
          =   (Maximalwert – Minimalwert)

     $w = (6{,}45 - 3{,}00) : 5 \approx 0{,}7$

3. Schritt: *Bildung der Klassen*; nach Möglichkeit sollten alle Klassen gleich breit sein.

Bei k = 5 und w = 0,7 ergibt sich folgende Klasseneinteilung:

Klassen
3,0 bis unter 3,7
3,7 bis unter 4,4
4,4 bis unter 5,1
5,1 bis unter 5,8
5,8 bis unter 6,5

4. Schritt: *Zuordnung der Stichprobenwerte zu den einzelnen Klassen*; es ist üblich, dass die Klassenobergrenze nicht mit zur betreffenden Klasse hinzugerechnet wird; es werden also Klassenintervalle i.d.R. in folgender Form gebildet:

10 bis unter 11   bzw. $(10 \leq x_j < 11)$
11 bis unter 12 $(11 \leq x_j < 12)$ usw.

Klassen	Strichliste	absolute Häufigkeit
3,0 bis unter 3,7	||||	4
3,7 bis unter 4,4	||||| |	6
4,4 bis unter 5,1	||||| ||||	9
5,1 bis unter 5,8	||||| |||	8
5,8 bis unter 6,5	|||	3
Σ		30

b) Zeichnen des Histogramms:

- Das Histogramm ist die grafische Darstellung der Häufigkeiten eines klassierten, quantitativen Merkmals durch rechteckige Flächen über den Klassen; dabei entspricht die Größe der Flächen der Häufigkeit der jeweiligen Klasse.

- Sind alle Klassen gleich breit, können die Häufigkeiten durch die Höhe der Fläche dargestellt werden (häufig gewählter Fall in der Praxis).

Klassen	Strichliste	absolute Häufigkeit	absolute Häufigkeit, kumuliert	relative Häufigkeit	relative Häufigkeit, kumuliert
3,0 bis unter 3,7	||||	4	4	0,1333	0,1333
3,7 bis unter 4,4	||||| |	6	10	0,2000	0,3333
4,4 bis unter 5,1	||||| ||||	9	19	0,3000	0,6333
5,1 bis unter 5,8	||||| |||	8	27	0,2666	0,8999
5,8 bis unter 6,5	|||	3	30	0,1000	1,00000[1]
Σ		30		1,0000	

[1] Rundungsdifferenzen

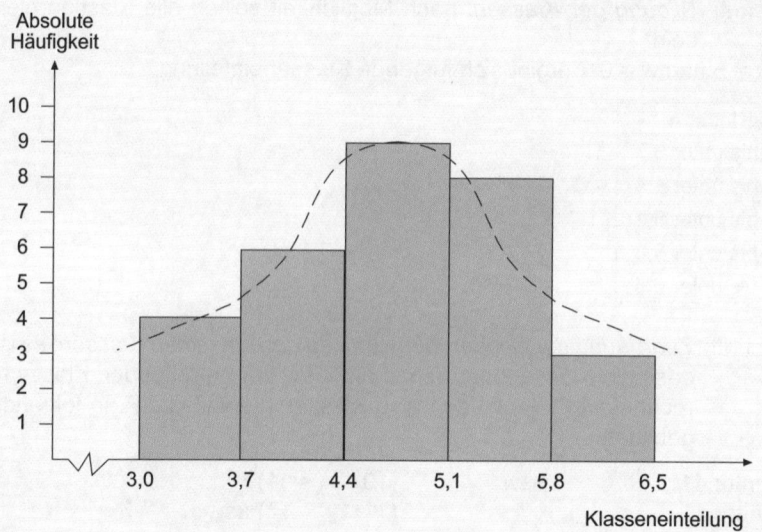

Im vorliegenden Fall hat das Histogramm annähernd die Form einer Normalverteilung.

12. Mittelwerte, Streuungsmaße

a) *Das arithmetische Mittel* μ
einer Häufigkeitsverteilung ist die Summe aller Merkmalsausprägungen dividiert durch die Anzahl der Beobachtungen:

• μ, ungewogen:

$$\mu = \frac{\sum x_i}{N} \qquad i = 1, 2, ..., N$$

Liste der Merkmalsausprägungen

										Σ
4,35	4,80	3,75	4,95	4,20	5,10	4,65	6,00	4,05	5,25	47,10
5,10	4,50	3,15	5,25	4,65	3,45	5,85	4,50	5,55	4,80	46,80
6,45	4,05	3,00	4,20	5,10	3,15	5,40	4,65	5,10	4,50	45,60
Σ										139,50

$$\mu = \frac{139,50}{30} = 4,65$$

b) *Median Mz (= Zentralwert):*

Ordnet man die Werte einer Urliste der Größe nach, so ist der Median dadurch gekennzeichnet, dass 50 % der Merkmalsausprägungen kleiner/gleich und 50 % der Merkmalsausprägungen größer/gleich dem Zentralwert M_z sind. Der Median teilt also die der Größe nach geordneten Werte in zwei „gleiche Hälften":

• *bei N = gerade*
ist der Median das arithmetische Mittel der in der Mitte stehenden Werte:

$$M_z = \frac{1}{2} \, (x_{N/2} + x_{N/2+1}) = (4,65 + 4,65) : 2 = 4,65$$

Da N = 30 ist, wird das arithmetische Mittel aus dem 15. und 16. Wert der (geordneten) Häufigkeitstabelle gebildet:

x_j	3,00	3,15	3,45	3,75	4,05	4,20	4,35	4,50	**4,65**	$\sum N_j$
N_j	1	2	1	1	2	2	1	3	3	16
x_j	4,80	4,95	5,10	5,25	5,40	5,55	5,85	6,00	6,45	
N_j	2	1	4	2	1	1	1	1	1	14
$\sum N_j$										30

j = 1, ... , 18

Da es sich beim Median um einen *relativ „groben" Lageparameter* zur Charakterisierung einer Verteilung handelt, sollte er *nur bei einer kleinen Messreihe* ermittelt werden. Im vorliegenden Fall von 30 Urlistenwerten ist er eher nicht zu empfehlen.

c) Als *Modalwert* M_o (= dichtester Wert = Modus)
bezeichnet man innerhalb einer Häufigkeitsverteilung die Merkmalsausprägung mit *der größten Häufigkeit* (soweit vorhanden):

x_j	3,00	3,15	3,45	3,75	4,05	4,20	4,35	4,50	4,65	$\sum N_j$
N_j	1	2	1	1	2	2	1	3	3	16
x_j	4,80	4,95	**5,10**	5,25	5,40	5,55	5,85	6,00	6,45	
N_j	2	1	**4**	2	1	1	1	1	1	14
$\sum N_j$			↑							30
j = 1, ..., 18										

Aus der vorliegenden Häufigkeitstabelle lässt sich der Modalwert direkt ablesen: Es ist die Merkmalsausprägung mit der maximalen Häufigkeit

N_j =   4

M_o =   5,10

d) Mittelwerte, die die Lage einer Verteilung beschreiben, reichen allein nicht aus, um eine Häufigkeitsverteilung zu charakterisieren. Es wird nicht die Frage beantwortet, wie weit oder wie eng sich die Merkmalsausprägungen um den Mittelwert gruppieren.

Man berechnet daher so genannte *Streuungsmaße*, die kleine Werte annehmen, wenn die Merkmalsbeträge stark um den Mittelwert konzentriert sind bzw. große Werte bei weiter Streuung um den Mittelwert.

Die *Spannweite* R (= Range) ist das *einfachste Streuungsmaß*. Sie wird als die *Differenz zwischen dem größten und dem kleinsten Wert* definiert. Die Aussagekraft der Spannweite ist sehr gering und sollte daher nur für eine kleine Anzahl von Messwerten berechnet werden (im vorliegenden Beispiel also eher nicht geeignet).

$$R \quad = \quad x_{max} - x_{min}$$ oder bei geordneter Urliste:

$$R \quad = \quad x_N - x_1$$

$$R \quad = \quad x_{30} - x_1 \quad = \quad 6{,}45 - 3{,}00 \quad = \quad 3{,}45$$

e) *Mittlere quadratische Abweichung* σ^2 (= Varianz):
Bei der Varianz σ^2 wird das jeweilige Quadrat der Abweichungen zwischen der Merkmalsausprägung x_i und dem Mittelwert berechnet. Durch den Vorgang des Quadrierens erreicht man, dass große Abweichungen stärker und kleine Abweichungen weniger berücksichtigt werden. Die Summe der Quadrate wird durch N dividiert.

• σ^2, ungewogen:

$$\sigma^2 = \frac{\sum (x_i - \mu)^2}{N} \qquad i = 1, 2, ..., N$$

• σ^2, gewogen:

$$\sigma^2 = \frac{\sum (x_j - \mu)^2 \cdot N_j}{N} \qquad j = 1, 2, ..., r$$

Durch Umrechnung gelangt man zu folgender Formel; damit lässt sich die Varianz leichter berechnen:

$$\sigma^2 = \frac{1}{N} \sum N_j x_j^2 - \mu^2$$

Bei einer hohen Zahl von Messwerten empfiehlt sich eine Arbeitstabelle zur Berechnung der Varianz:

x_j	N_j	x_j^2	$N_j x_j^2$	$x_j - \mu$	$(x_j - \mu)^2$	$(x_j - \mu)^2 N_j$
3,00	1	9,00	9,00	– 1,65	2,72	2,72
3,15	2	9,92	19,84	– 1,50	2,25	4,50
3,45	1	11,90	11,90	– 1,20	1,44	1,44
3,75	1	14,06	14,06	– 0,90	0,81	0,81
4,05	2	16,40	32,80	– 0,60	0,36	0,72
4,20	2	17,64	35,28	– 0,45	0,20	0,40
4,35	1	18,92	18,92	– 0,30	0,09	0,09
4,50	3	20,25	60,75	– 0,15	0,02	0,06
4,65	3	21,62	64,87	0,00	0,00	0,00
4,80	2	23,04	46,08	0,15	0,02	0,04
4,95	1	24,50	24,50	0,30	0,09	0,09
5,10	4	26,01	104,04	0,45	0,20	0,80
5,25	2	27,56	55,12	0,60	0,36	0,72
5,40	1	29,16	29,16	0,75	0,56	0,56
5,55	1	30,80	30,80	0,90	0,81	0,81
5,85	1	34,22	34,22	1,20	1,44	1,44
6,00	1	36,00	36,00	1,35	1,82	1,82
6,45	1	41,60	41,60	1,80	3,24	3,24
$\sum$	30		668,97			20,26

Daraus folgt:

$$\sigma^2 = \frac{\sum (x_j - \mu)^2 \cdot N_j}{N} = \frac{20,26}{30} \approx 0,68$$

bzw.

$$\sigma^2 = \frac{1}{N} \sum N_j x_j^2 - \mu^2 = \frac{668,97}{30} - 21,6225 \approx 0,68$$

f) Die *Standardabweichung* σ (kurz: „Streuung") ist die positive Wurzel aus der Varianz; sie ist das wichtigste Streuungsmaß:

$$\sigma = \sqrt{\sigma^2}$$

$$\sigma = \sqrt{0,68} \approx 0,82$$

13. Mittelwerte, Streuungsmaße einer Stichprobe

Die Formeln zur Berechnung der Maßzahlen in Stichproben sind – bis auf die Berechnung der Varianz – *analog* zur Berechnung von Maßzahlen einer Grundgesamtheit. Zur Kennzeichnung von Stichprobenparametern wird

$\bar{x}$ statt μ,

n   statt   N,

s^2 statt σ^2 und

s   statt σ verwendet.

• Somit modifizieren sich die Formeln für den *Mittelwert der Stichprobe* zu:

$$\bar{x} = \frac{\sum x_i}{n}$$ bzw. $$\bar{x} = \frac{\sum x_j n_j}{n}$$

• Bei der Berechnung der *Varianz einer Stichprobe* wird – genau genommen – keine mittlere quadratische Abweichung berechnet, sondern man verwendet die Formel

$$s^2 = \frac{\sum (x_i - \bar{x})^2}{n - 1}$$

Man dividiert also die Summe der Quadrate durch den um Eins verminderten Stichprobenumfang (= so genannte *empirische Varianz*). Für die Standardabweichung s gilt Entsprechendes. Es lässt sich mathematisch zeigen, dass diese Berechnungsweise notwendig ist, wenn von der Varianz der Stichprobe auf die Varianz der Grundgesamtheit geschlossen werden soll.

14. Trendermittlung***

a)
$$\mu_6 = \frac{\sum x_i}{n} = \frac{300 + 360 + 340 + 380 + 400}{5} = 356$$

Für die 6. Periode wird ein Planwert von 356 Einheiten gewählt.

t_2	t_3	t_4	t_5	t_6
360	340	380	400	420

$$\mu_7 = \frac{\sum x_i}{n} = \frac{360 + 340 + 380 + 400 + 420}{5} = 380$$

t_3	t_4	t_5	t_6	t_7
340	380	400	420	480

$$\mu_8 = \frac{\sum x_i}{n} = \frac{340 + 380 + 400 + 420 + 480}{5} = 404$$

b) Erläuterung der Berechnungsweise:

Gewogener gleitender Mittelwert	Man berechnet den Planwert analog zum Verfahren „Gleitender Mittelwert" – mit dem Unterschied, dass die einzelnen Vergangenheitswerte gewichtet werden. Dabei erhalten die Werte der jüngeren Vergangenheit eine stärkere Gewichtung. Auf diese Weise kann eine vorliegende Trendentwicklung besser berücksichtigt werden.

Es wird von den bekannten Absatzwerten ausgegangen und folgende Gewichtungen gewählt: g1 = 1, g2 = 2, g3 = 3 usw.

t_1	t_2	t_3	t_4	t_5	t_6	t_7
300	360	340	380	400	420	480

Als Planwert für die Periode t_6 wird der gewogene Mittelwert μ der Perioden t_1 bis t_5 genommen (so genannter gewogener gleitender 5er-Durchschnitt):

$$\mu_6 = \frac{\sum g_i \cdot x_i}{\sum g_i} = \frac{1 \cdot 300 + 2 \cdot 360 + 3 \cdot 340 + 4 \cdot 380 + 5 \cdot 400}{1 + 2 + 3 + 4 + 5}$$

$$= 5.560 : 15 = 370,7$$

Analog werden die Planwerte (μ_7, μ_8) für die 7. und 8. Periode ermittelt. Es ergibt sich:

$$\mu_7 = 5.880 : 15 = 392,0$$
$$\mu_8 = 6.380 : 15 = 425,3$$

c) Erläuterung:

Exponentielle Glättung 1. Ordnung	Zur Berechnung des Prognosewertes für die kommende Periode wird nur der Ist-Wert und der Prognosewert der Vorperiode herangezogen: **Prognosewert$_{neu}$** = Prognosewert $_{Vorperiode}$ + α (Istwert – Prognosewert $_{Vorperiode}$) Dabei ist α der sog. Glättungsfaktor. Er nimmt Werte zwischen 0 und 1 an. Je kleiner α gewählt wird, desto weniger werden Absatzschwankungen berücksichtigt.

Periode	t_1	t_2	t_3	t_4	t_5	t_6	t_7
Istwert	300	360	340	380	400	420	480
Prognosewert	*310,0**	*305,0*	*332,5*	*336,5*	*358,13*	*379,06*	*399,53*

* vorgegeben

Berechnung:

Prognosewert_2 = $\text{Prognosewert}_1 + \alpha\ (\text{Istwert}_1 - \text{Prognosewert}_1)$

= 310 + 0,5 (300 – 310)   = 305,00

Prognosewert_3 = 305 + 0,5 (360 – 305)   = 332,50

Prognosewert_4 = 332,5 + 0,5 (340 – 332,5)   = 336,25

Prognosewert_5 = 336,25 + 0,5 (380 – 336,25)   = 358,13

Prognosewert_6 = 358,13 + 0,5 (400 – 358,13)   = 379,06

Prognosewert_7 = 379,06 + 0,5 (420 – 379,06)   = 399,53

d) Allgemein hat eine Gerade die Gleichung

$y = b \cdot x + a$ dabei ist: a: der Schnittpunkt der Geraden mit der Ordinate
                                                   (y-Achse)
                                              b: der Steigungskoeffizient

Es lässt sich mathematisch zeigen, dass Folgendes gilt:

$a = y - b \cdot x$ mit x, y = Mittelwert

und

$$b = \frac{n \sum x_i\, y_i - (\sum x_i)\ (\sum y_i)}{n \sum x2_i - (\sum x_i)^2}$$

Zur Berechnung der Variablen a und b der Geraden wird zu den vorliegenden Ist-werten eine Arbeitstabelle gebildet:

	x_i	y_i	$x_i\, y_i$	x^2_i
	1	300	300	1
	2	360	720	4
	3	340	1.020	9
	4	380	1.520	16
	5	400	2.000	25
	6	420	2.520	36
	7	480	3.360	49
$\sum$	**28**	**2.680**	**11.440**	**140**
	x = 28 : 7 = **4**	y = 2.680 : 7 = **382,86**		

a = $y - b \cdot x$

a =   382,86 – 4b   →   a = 382,86 – 4 · 25,7

a =   280,06

$$b = \frac{n \sum x_i y_i - (\sum x_i)(\sum y_i)}{n \sum x^2_i - (\sum x_i)^2}$$

$$b = \frac{7 \cdot 11.440 - 28 \cdot 2.680}{7 \cdot 140 - 784}$$

$$b = 25{,}7$$

Die Regressionsgerade schneidet also die y-Achse (für $x_i = 0$) im Punkt 280,06 und hat eine Steigung von 25,7: daher lautet die Gleichung der Regressionsgeraden:

$$y = 25{,}7x + 280{,}06$$

e) Grafik:

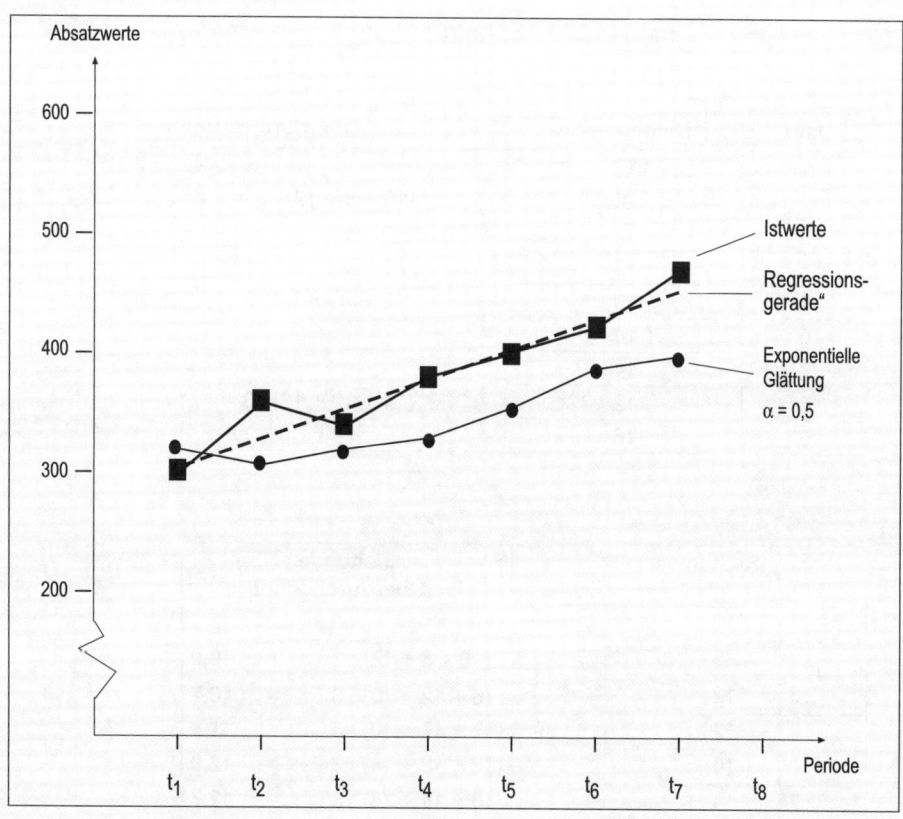

f)

Trendermittlung, Gesamtbetrachtung
Die Gesamtbetrachtung führt (verkürzt dargestellt) zu folgendem Vergleich:
1   *Gleitender 5er-Durchschnitt:* Das Verfahren ist nicht geeignet.
2   *Gewogener gleitender 5er-Durchschnitt:* Das Verfahren ist nicht geeignet.
3   *Exponentielle Glättung 1. Ordnung:* Das Verfahren ist bedingt geeignet – z. B. mit $\alpha = 0,5$ oder größer.
4   *Regressionsgerade:* Bei einem trendförmigen Verlauf – wie im vorliegenden Fall – ist das Verfahren am besten geeignet.

15. Trendermittlung, 3er-Durchschnitte

a)

Jahr	Reihenwerte		3er-Oberdurchschnitte	
1	10			
2	8	}	$(10 + 8 + 12) : 3 =$	10
3	12			
4	12			
5	10	}	$(12 + 10 + 14) : 3 =$	12
6	14			
7	14			
8	12	}	$(14 + 12 + 16) : 3 =$	14
9	16			

b)

Jahr	Reihenwerte		gleitende 3er-Oberdurchschnitte		
1	10				
2	8	}	$(10 + 8 + 12) : 3$	=	10,0
3	12	}	$(8 + 12 + 12) : 3$	=	10,7
4	12		$(12 + 12 + 10) : 3$	=	11,3
5	10		$(12 + 10 + 14) : 3$	=	12,0
7	14		$(10 + 14 + 14) : 3$	=	12,7
8	12		$(14 + 14 + 12) : 3$	=	13,3
9	16		$(14 + 12 + 16) : 3$	=	14,0

c) Grafische Darstellung:

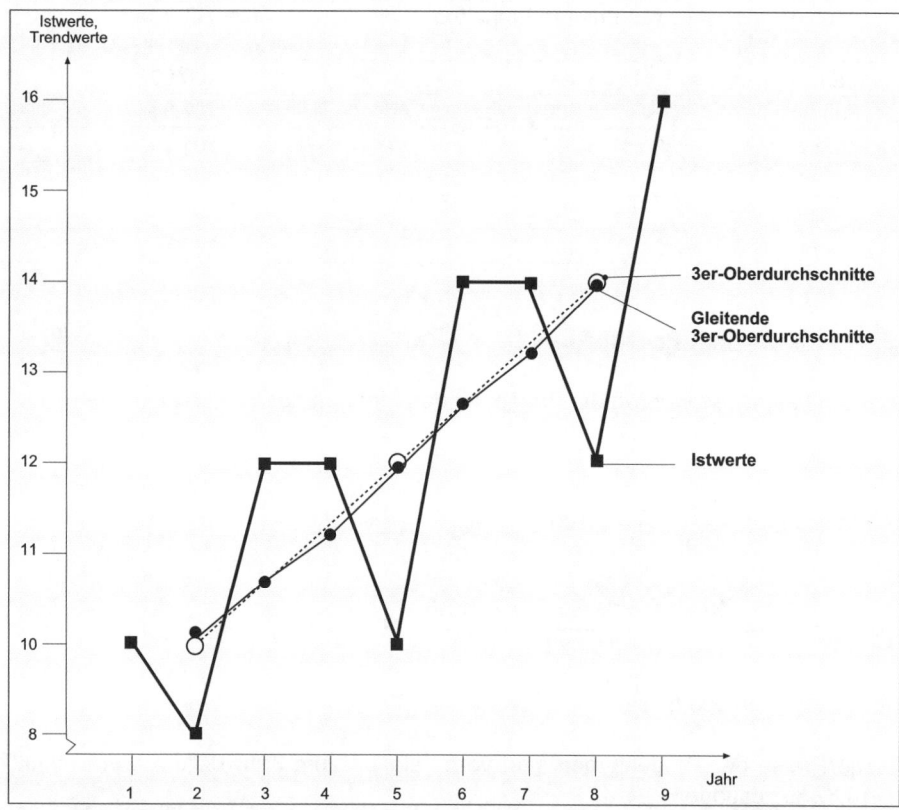

d) Die Berechnung gleitender Durchschnitte (auch: Oberdurchschnitte) erfordert zwar einigen Rechenaufwand, ist aber eine einfache und für viele Anwendungsgebiete zweckmäßige Methode der angenäherten Trendermittlung. Allerdings gehen die Randwerte der Reihen verloren, was bei größerem k (z. B. gleitende 5er-Durchschnitte) problematisch wird.

16. Messziffer

Zu berechnen ist eine Indexreihe mit konstanter Basis (so genannte Messziffer):

Es gilt:

$$\text{Messziffer} = \frac{\text{Wert der Berichtsperiode}}{\text{Wert der Basisperiode}} \cdot 100$$

$$\text{Messziffer}_{Feb.} = \frac{8.600}{8.400} \cdot 100$$

$$= 102,38$$

Monat	Absatzzahlen in Einheiten	Messziffer in % (Basis: Januar = 100 %)
Januar	8.400	100,00
Februar	8.600	102,38
März	8.500	101,19
April	8.759	104,27
Mai	8.256	98,28
Juni	8.467	100,79

17. Indices nach Paasche und Laspeyres***

a) Nach Laspeyres werden die Preise mit den Mengen der Basisperiode bewertet.

Es gilt:

$$\text{Preisindex} = \frac{\sum p_t \cdot x_0}{\sum p_0 \cdot x_0} \cdot 100$$

$$= \frac{13 \cdot 1,8 + 12 \cdot 2,5 + 11 \cdot 1,8}{11 \cdot 0,8 + 11 \cdot 2,5 + 10 \cdot 1,8} \cdot 100$$

$$= 110,87 \ \%$$

Die Preise der Produkttypen sind vom Jahr 01 zum Jahr 02 um durchschnittlich 10,87 % gestiegen.

Der Preisindex kann auch nach Paasche berechnet werden (die Preise werden gewichtet mit den Mengen der Berichtsperiode):

Es gilt:

$$\text{Preisindex} = \frac{\sum p_t \cdot x_t}{\sum p_0 \cdot x_t} \cdot 100$$

$$= \frac{13 \cdot 1,8 + 12 \cdot 0,8 + 11 \cdot 2,0}{11 \cdot 1,8 + 11 \cdot 0,8 + 10 \cdot 2,0} \cdot 100$$

$$= 113,17 \ \%$$

Die Preise der Produkttypen sind vom Jahr 01 zum Jahr 02 um durchschnittlich 13,17 % gestiegen.

18. Gliederungszahlen, Beziehungszahlen

a) Zu berechnen ist eine Gliederungszahl:

$$\text{Gliederungszahl} = \frac{\text{Teilmasse X1}}{\text{Gesamtmasse X}} = \frac{987}{12.567} \cdot 100$$

$$= 7,85\ \%$$

Der Anteil der in Mecklenburg-Vorpommern abgesetzten Produkte beträgt 7,85 %.

b) Während bei den Gliederungszahlen gleichartige Massen miteinander verglichen werden, dienen Beziehungszahlen zum Vergleich verschiedenartiger, aber in einer sachlich sinnvollen Beziehung zueinander stehenden Massen.

$$\text{Beziehungszahl} = \frac{\text{Masse X}}{\text{Masse Y}} \cdot 100$$

c)

$$\text{Gesamtkapitalrentabilität} = \frac{\text{Gewinn} + \text{FK} - \text{Zinsen}}{\text{Gesamtkapital}} \cdot 100$$

$$= \frac{100.000\ € + 60.000\ €}{1.950.000\ €} \cdot 100$$

$$= 8,21\ \%$$

Die Gesamtkapitalrentabilität beträgt 8,21 %.

Anhang

Formeln und Begriffe

1 Abgrenzung: Finanzbuchhaltung/KLR

Betriebliches Rechnungswesen		
↓	↓	↓
Finanz-buchhaltung	**Betriebsbuchhaltung (KLR)**	**Investitions- und Wirtschaft-lichkeitsrechnung**
↓	↓	

Buchhaltung	**Betriebsabrechnung**
Bilanzierung, GuV-Rechnung	• Kostenartenrechnung
	• Kostenstellenrechnung

Kostenträgerrechnung
(Kalkulation)

• Vor- und Nachkalkulation

• Produkte und Prozesse

Betriebsergebnisrechnung

Die **Finanz-buchhaltung**	erfaßt zahlenmäßig als langfristige Gesamtabrechnung die gesamte Unternehmenstätigkeit unter Zugrundelegung der Zahlungsvorgänge. Sie ist nach bestimmten Gesetzesvorschriften durchzuführen. Ihr Ziel ist die Erfolgsermittlung durch Gegenüberstellung von Aufwand und Ertrag bzw. die Gegenüberstellung von Vermögensherkunft und Vermögensverwendung.
Die **Betriebs-buchhaltung**	ist eine (kurzfristige) Abrechnung, die den eigentlichen betrieblichen Leistungsprozess zahlenmäßig erfassen will. Ihr Ziel ist (stark vereinfacht) die Feststellung, wer im Betrieb welche Kosten in welcher Höhe und wofür verursacht (hat).
Bilanzierung	ist die ordnungsgemäße Gegenüberstellung aller Vermögensteile und Schulden einer Unternehmung.
Gewinn- und Verlustrechnung	(GuV) ist die Gegenüberstellung aller Aufwendungen und Erträge zum Zwecke der Erfolgsermittlung.
Die **Betriebs-abrechnung**	hat die Aufgabe, die Kosten nach Gruppen getrennt zu sammeln (Kostenartenrechnung) und auf die Kostenstellen zu verteilen (Kostenstellenrechnung).
Mit der **Kalkulation**	versucht man, Produkten oder Leistungen ihre Kosten verursachungsgerecht zuzuordnen, um damit eine Grundlage für ihren Wert oder ihren Preis zu erhalten.
Die **Betriebs-ergebnisrechnung**	ist eine kurzfristige Erfolgsrechnung, die die angefallenen Kosten und Leistungen einer Periode gegenüberstellt.
Mit **Investitions-rechnungen**	versucht man, die Erfolgsträchtigkeit von Investitionsobjekten zu ermitteln. Sie vergleichen die Kosten und Leistungen oder Aus- und Einzahlungen, die durch ein Investitionsobjekt verursacht werden.
Wirtschaftlichkeits-rechnungen	sind mit den Investitionsrechnungen eng verwandt; sie dienen insbesondere dem Vergleich von Verfahren und Projekten.

→ Übungen, S. 74 ff.

2 Zweikreissystem

Im Industriekontenrahmen (IKR) ist das Zweikreissystem vorgegeben. Die Verrechnung zwischen beiden Buchhaltungskreisen wird folgendermaßen vorgenommen:

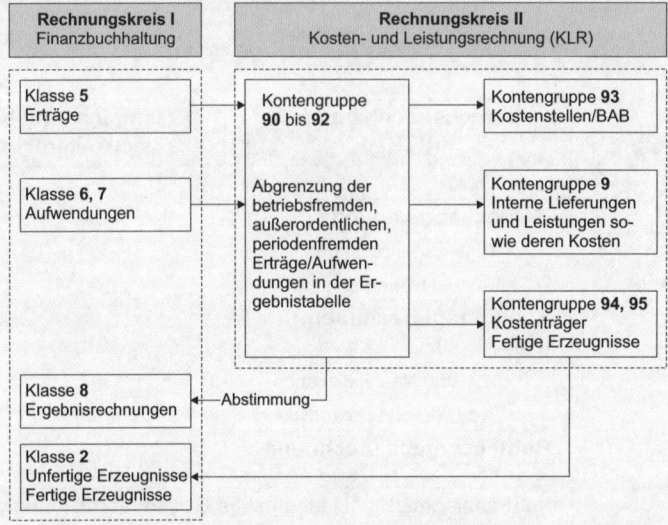

Merke:
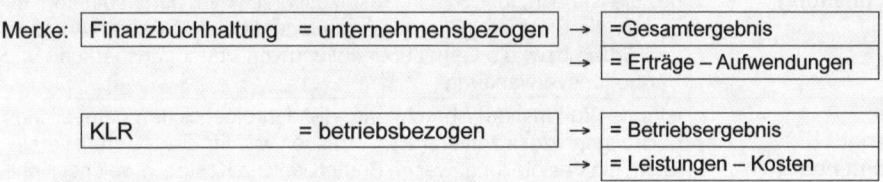

| Finanzbuchhaltung | = unternehmensbezogen | → | =Gesamtergebnis |
| | | → | = Erträge – Aufwendungen |

| KLR | = betriebsbezogen | → | = Betriebsergebnis |
| | | → | = Leistungen – Kosten |

3 Abgrenzungsrechnung

1	Aus den gesamten Aufwendungen der Abrechnungsperiode sind die *neutralen Aufwendungen* auszusondern.
2	Von den *Zweckaufwendungen* sind die *Grundkosten* unverändert zu übernehmen.
3	Die übrigen *Zweckaufwendungen* werden nicht mit dem Wert der FiBu übernommen; es wird ein geeigneter Wert veranschlagt.
4	Aufwendungen, die nicht in der FiBu erfasst wurden, sind als *Zusatzkosten* zu übernehmen.

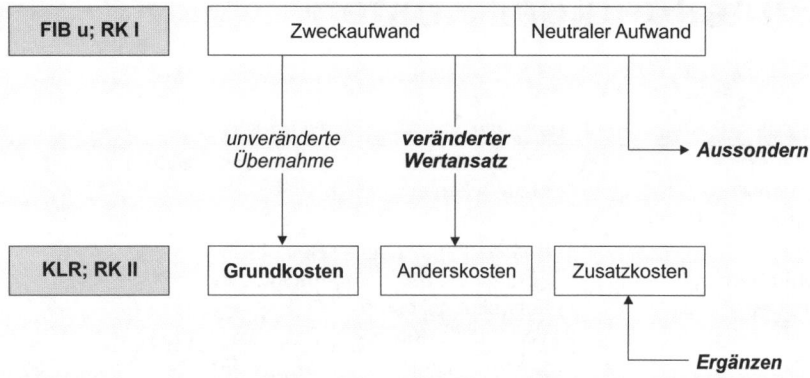

→ Übung, S. 74 ff.

4 Prinzipien der Kostenerfassung

Prinzipien der Kostenerfassung	
Deckungs-gleichheit	Die real anfallenden Kosten und die in der KLR erfassten Kosten müssen sich entsprechen.
Vollständigkeit	Es sind alle Kosten zu erfassen.
Genauigkeit	Die Kosten müssen mit einem möglichst hohen Grad an Genauigkeit erfasst werden.
Aktualität	Die Daten müssen möglichst zeitnah erfasst werden.
Wirtschaftlich-keit	Der Informationsgewinn muss in einem angemessenen Verhältnis zu den durch die Erfassung entstehenden Kosten stehen. Bei jeder Veränderung der Kostenerfassung bzw. der Neuentwicklung des Kostenrechnungssystems ist eine Kosten-Nutzen-Analyse anzustellen.
Kontinuität auch: - Einheitlichkeit - Stetigkeit	Die Prinzipien der Kostenerfassung dürfen nicht laufend verändert werden, da sonst eine Vergleichbarkeit der Daten und der gewonnenen Erkenntnisse über mehrere Rechnungsperioden unmöglich wird.
Eindeutigkeit	Die Festlegung der Kostenarten muss so erfolgen, dass eine zweideutige Zuordnung vermieden wird.
Perioden-bezogenheit	Die Kosten müssen sich auf eine Rechnungsperiode beziehen und abgegrenzt sein.
Zweck-orientierung	Dieses Prinzip hat eine übergeordnete Bedeutung und besagt, dass jedes System einer KLR und damit auch der Kostenerfassung zweckbestimmt ist: Es sind die Kosten verfeinert zu erfassen, die in dem betreffenden Unternehmen eine besondere Bedeutung für Planungs- und Entscheidungsprobleme haben. Man nennt sie relevante Kosten.

5 Einteilung der Kosten

	Beispiele:	*Hinweise:*
Nach der Art der **verbrauchten Produktionsfaktoren**	- Personalkosten - Materialkosten - Abgaben	Produktionsfaktoren
Nach **betrieblichen Funktionen**	- Beschaffungskosten - Fertigungskosten - Verwaltungskosten - Vertriebskosten	Betriebliche Funktionen
Nach der **Bezugsgröße** (auch: Grad der Mengenverrechnung)	- Gesamtkosten - Sortenkosten	Kosten einer Gesamtheit, z. B. Unternehmen, Abteilung, Sorte
	- Stückkosten	Kosten einer einzelnen Leistungseinheit
Nach der **Zurechenbarkeit** der Kosten zu den Leistungen	- Einzelkosten - Gemeinkosten - Sonderkosten	
Nach der **Abhängigkeit von der Beschäftigung**	- Fixe Kosten - Variable Kosten - Mischkosten	
Nach dem **Zeitbezug**	- Istkosten	tatsächlich angefallene Kosten
	- Normalkosten	Kosten, die sich als Durchschnitt der Istkosten vergangener Perioden ergeben.
	- Plankosten	geplante, d.h. angestrebte Kosten
Nach der **Herkunft**	- Primäre Kosten	ursprüngliche Kosten der auf Beschaffungsmärkten bezogenen Faktoren
	- Sekundäre Kosten	abgeleitete Kosten für den Verbrauch innerbetrieblicher Leistungen
Nach dem **Umfang der verrechneten Kosten**	- Vollkosten	Es werden bei der Kalkulation die gesamten Kosten einer Periode berücksichtigt.
	- Teilkosten	Es werden nur bestimmte, relevante Teile der Kosten auf die Kostenträger verrechnet.
In Abhängigkeit **von der Produktionsstufe**	- Materialkosten - Fertigungskosten - Herstellkosten - Selbstkosten	Kostenträgerstückrechnung (Kalkulation)

→ Übung, S. 81 ff.

6 Einzel-, Gemein- und Sonderkosten

Einzelkosten (direkte Kosten) können der Bezugsgröße (Kostenträger, Kostenstelle) direkt zugerechnet werden, z. B.:

Einzelkosten, z. B.	Zurechnung, z. B. über
- Fertigungsmaterial - Fertigungslöhne - Sondereinzelkosten	→ Materialentnahmescheine, Stücklisten → Lohnzettel/-listen, Auftragszettel → Auftragszettel, Eingangsrechnung

Gemeinkosten (indirekte Kosten) fallen für das Unternehmen insgesamt an und können daher nicht einer bestimmten Bezugsgröße direkt zugerechnet werden.

Beispiele: Materialgemeinkosten, Abschreibungen, Zinsen, Steuern, Versicherungen, Gehälter, Hilfslöhne usw.

Unechte Gemeinkosten:
Von den echten Gemeinkosten sind die so genannten unechten Gemeinkosten zu unterscheiden: Dies sind von der Entstehung her Einzelkosten, die man eigentlich direkt verrechnen könnte. Aus wirtschaftlichen Überlegungen rechnet man sie aber zusammen mit den echten Gemeinkosten der Bezugsgröße indirekt zu.

Beispiel: Bei der Möbelherstellung wird z. B. Leim benötigt. Eine gesonderte Erfassung der Leimmenge pro Objekt oder Auftrag ist zu aufwändig. Deshalb wird die gesamte Leimmenge wertmäßig den echten Gemeinkosten zugeschlagen und mit diesen verrechnet.

Sonderkosten:
Gelegentlich gibt es Kosten, die nur bei einem bestimmten Produkt oder einem bestimmten Auftrag anfallen. Man bezeichnet sie als Sonderkosten und unterscheidet:

Sonder- einzelkosten	Sie können einem Auftrag direkt zugeordnet werden.
	Sondereinzelkosten der Fertigung sind z. B. Spezialwerkzeuge für den Auftrag, Modellbauten/Gussformen für den Auftrag.
	Sondereinzelkosten des Vertriebs sind z. B. Zölle, Sonderfrachten, Sonderverpackungen.
Sonder- gemeinkosten	Sie lassen sich nur mehreren Aufträgen zuordnen; z. B. ein Spezialwerkzeug, das für mehrere Aufträge verwendet wurde.

7 Kostenverläufe

Kosten$_{ges}$	= Fixe Kosten + variable Kosten
	= $K_f + K_v$
K	= $K_f + x \cdot k_v$
	= $x \cdot k$

Stückkosten, k	= $\dfrac{\text{Kosten}_{ges}}{\text{Stück}}$ = $\dfrac{K}{x}$ = $k_f + k_v$
	= Fixe Stückkosten + variable Stückkosten

Fixe Kosten pro Stück, k$_f$	= $\dfrac{\text{Fixe Kosten}}{\text{Stück}}$ = $\dfrac{K_f}{x}$
Fixe Kosten, K$_f$	Stück · fixe Stückkosten = $x \cdot k_f$

Variable Kosten pro Stück, k$_v$	= $\dfrac{\text{Variable Kosten}}{\text{Stück}}$ = $\dfrac{K_v}{x}$
Variable Kosten, K$_v$	Stück · variable Stückkosten = $x \cdot k_v$

Hinweis (allgemein):   Großbuchstaben = Gesamtwerte, z. B.: K (Kosten)
                            Kleinbuchstaben = Werte pro Einheit, z. B. k (Stückkosten)

Man unterscheidet:

Absolut fixe Kosten	sind Bereitschaftskosten, die auch bei Nichtproduktion anfallen. Sie sind für ein bestimmtes Zeitintervall (absolut) fix. **Beispiele:** Gehälter, Miete.
Sprungfixe Kosten	(= intervallfixe) sind nur innerhalb eines bestimmten Beschäftigungsintervalls konstant. Bei Überschreiten der Grenze steigen die Kosten sprunghaft an. **Beispiel:** Aufgrund steigender Beschäftigung ist die Maschine völlig ausgelastet. Es muss eine zweite angeschafft und zusätzlich ein Maschinenbediener eingestellt werden.
Kosten-remanenz	Mit diesem Begriff bezeichnet man die verzögerte Kostenanpassung bei sinkender Beschäftigung. **Beispiel:** Sinkt nach einem Kapazitätsaufbau die Beschäftigung wieder, so können die zusätzlichen Kapazitäten nicht sofort abgebaut werden. Die erhöhten Kosten existieren noch für eine gewisse Zeit (verzögerte Anpassung). **Beispiele:** Kündigung von Mietverträgen bzw. Arbeitsverträgen.

Man unterscheidet folgende Verläufe der variablen Gesamtkosten:

Proportionaler Verlauf	Die Kosten steigen im gleichen Verhältnis wie die Beschäftigung; z. B. Akkordlöhne.
Degressiver Verlauf	(unterproportional) Die Kosten steigen in geringerem Maße als die Beschäftigung; z. B. Rabattstaffel beim Materialeinkauf.
Progressiver Verlauf	(überproportional) Die Kosten steigen in stärkerem Maße als die Beschäftigung; z. B. Mehrarbeitszuschläge bei hoher Auslastung.
Regressiver Verlauf	Die Kosten fallen mit zunehmender Beschäftigung. Hat in der Praxis kaum eine Bedeutung. **Fiktives Beispiel:** Bei zunehmender Auslastung einer Fertigungshalle werden mehr Maschinen und Mitarbeiter eingesetzt. Dadurch sinken die Heizkosten.

Darstellung der Kostenverläufe:

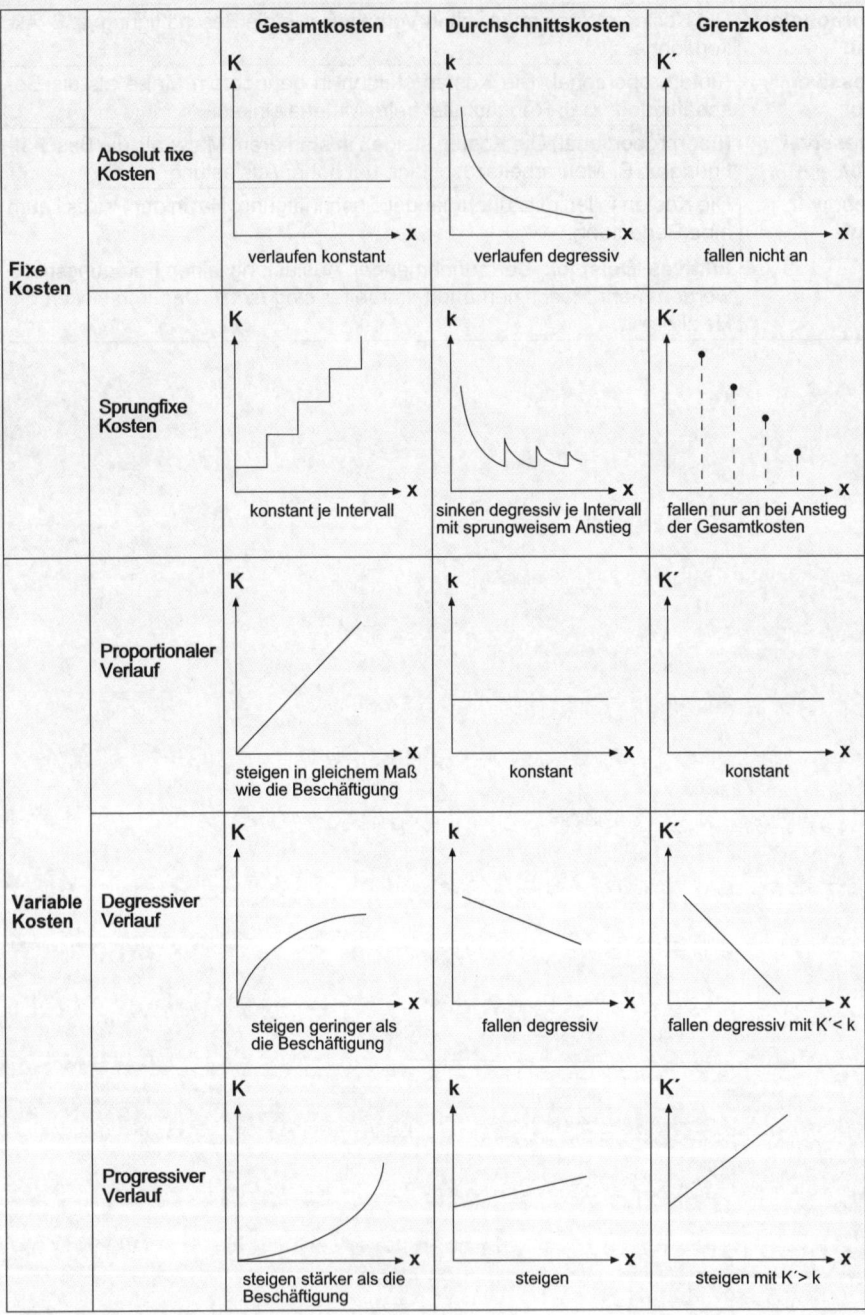

		Gesamtkosten	Durchschnittskosten	Grenzkosten
Fixe Kosten	**Absolut fixe Kosten**	verlaufen konstant	verlaufen degressiv	fallen nicht an
	Sprungfixe Kosten	konstant je Intervall	sinken degressiv je Intervall mit sprungweisem Anstieg	fallen nur an bei Anstieg der Gesamtkosten
Variable Kosten	**Proportionaler Verlauf**	steigen in gleichem Maß wie die Beschäftigung	konstant	konstant
	Degressiver Verlauf	steigen geringer als die Beschäftigung	fallen degressiv	fallen degressiv mit K´< k
	Progressiver Verlauf	steigen stärker als die Beschäftigung	steigen	steigen mit K´> k

8 Kalkulatorische Wagniskosten

1. Das *allgemeine Unternehmerrisiko* (-wagnis) ist aus dem Gewinn abzudecken.
2. *Spezielle Einzelwagnisse*, die sich aufgrund von Erfahrungswerten oder versicherungstechnischen Überlegungen bestimmen lassen:
   2.1 Deckung auftretender Schäden durch Dritte (Versicherungen)
   2.2 Deckung durch kalkulatorische Wagniszuschläge

Einzelwagnis	Beschreibung, Beispiele	Bezugsbasis
Anlagenwagnis	Ausfälle von Maschinen aufgrund vorzeitiger Abnutzung/Überalterung, Beschädigung, Diebstahl	Anschaffungskosten
Beständewagnis	Senkung des Marktpreises, Überalterung, Schwund, Verderb, Diebstahl; im Handel: Manipulationswagnis durch Ab- und Umfüllen	Bezugskosten
Entwicklungswagnis	Fehlentwicklungen	Entwicklungskosten
Fertigungswagnis	Mehrkosten durch Ausschuss, Nacharbeit, Fehler	Herstellungskosten
Vertriebswagnis	Forderungsausfälle, Währungsrisiken, Transportrisiken bei Freihauslieferung	Umsatz zu Selbstkosten
Gewährleistungsrisiko	Preisnachlässe aufgrund von Mängeln, Zusatzleistungen, Ersatzlieferungen	

Wagniszuschlag (%) = $\dfrac{\text{geschätzter Verlust} \cdot 100}{\text{Bezugsgröße}}$

→ Übung, S. 81.

9 Abschreibungsmethoden

	Kalkulatorische AfA → KLR	Bilanzielle AfA → FiBu
Objekt	nur betriebsnotwendige Anlagegüter	alle Güter des Anlagevermögens
Bezugsbasis	WB (Wiederbeschaffungswert)	AW oder HK
Dauer	solange das Objekt betrieblich genutzt wird	bis zum Erinnerungswert von 1 €
Methode	AfA = tatsächlicher Werteverzehr (Gebrauchsverschleiß oder Zeitverschleiß)	nach gewinnpolitischer Zweckmäßigkeit im Rahmen steuerlicher Vorgaben

Degressive Abschreibung	Im Rahmen der Unternehmensteuerreform war die degressive Abschreibung ab 01.01.2008 abgeschafft worden.
	Neu: Aufgrund des Konjunkturpakets I vom Nov. 2009 ist die degressive Abschreibung für bewegliche Wirtschaftsgüter des Anlagevermögens wieder zulässig mit 25 %.
	Geometrisch degressive AfA: Der Abschreibungsprozentsatz bezieht sich auf den Restwert.
	AfA-Satz in % = $100 \cdot (1 - \sqrt[n]{\dfrac{R}{B}})$
	mit R = Restwert B = Basiswert
GWG	mit AW/HK $\leq$ 150,00 € muss sofort als Betriebsausgabe gebucht werden.
	mit AW/HK $\geq$ 150,01 € bis 1.000,00 € wird in einem „Pool" gebucht. Der Pool wird über fünf Jahre linear abgeschrieben.
Linerare Abschreibung	AW/HK > 1.000,00 €
	AfA-Betrag = $\dfrac{\text{Basisbetrag} - \text{Restwert}}{\text{geschätzte Nutzungsdauer (Jahre)}} = \dfrac{\text{AW (WB)} - \text{RW}}{n}$
Abschreibung nach Leistungseinheiten	AW/HK > 1.000,00 €; nur auf Antrag und bei entsprechender Begründung (vgl. „Altregelung").
	AfA-Betrag = $\dfrac{\text{Basisbetrag} - \text{Restwert}}{\text{Gesamtleistung}_{(€/Lebensdauer)}} \cdot \text{Periodenleistung}_{(€/Periode)}$

→ Übungen, S. 95 ff.

10 Kalkulatorischer Unternehmerlohn

„Seifenformel"	$18 \cdot \sqrt{\text{Jahresumsatz}}$
1 Unternehmer	$18 \cdot \sqrt{\text{Umsatz}}$
2 Unternehmer	$1.5 \cdot 18 \cdot \sqrt{\text{Umsatz}}$
3 Unternehmer	$2{,}0 \cdot 18 \cdot \sqrt{\text{Umsatz}}$
4 Unternehmer	$2{,}4 \cdot 18 \cdot \sqrt{\text{Umsatz}}$

11 Kalkulatorische Mieten

Kalkulatorische Miete als Zusatzkosten	Werden eigene Räume des Gesellschafters oder des Einzelunternehmers für betriebliche Zwecke zur Verfügung gestellt, sollte dafür eine kalkulatorische Miete in ortsüblicher Höhe angesetzt werden.
Kalkulatorische Miete als Anderskosten	Analog gilt dies für Raummieten, die über oder unter dem ortsüblichen Niveau liegen.
Die unentgeltlich genutzten Räume gehören zum Eigentum des Unternehmens (Aktivierung in der Bilanz)	Eine Doppelbelastung in der KLR ist zu vermeiden, d. h. neben der kalkulatorischen Miete dürfen nicht zusätzlich kalkulatorische AfA und/oder kalkulatorische Zinsen verrechnet werden.
Die genutzten Räume sind von Dritten gemietet	In der G+V wird die tatsächlich gezahlte Miete als Aufwand gebucht.

12 Kalkulatorische Zinsen

Das betriebsnotwendige Kapital kann folgendermaßen ermittelt werden:

Beispiel:

	Betriebsnotwendiges Anlagevermögen	nach kalkulatorischen Restwerten	8.000.000 €
+	Betriebsnotwendiges Umlaufvermögen	nach kalkulatorischen Mittelwerten (AB + EB) : 2	5.000.000 €
=	Betriebsnotwendiges Vermögen		13.000.000 €
–	Abzugskapital	Kapitalposten, die dem Unternehmen zinslos zur Verfügung stehen, z. B. Kundenanzahlungen, Lieferantenkredite (ohne Skontierungsmöglichkeit), Rückstellungen	1.000.000 €
=	Betriebsnotwendiges Kapital		12.000.000 €
Bei einem Zinssatz von 8 % betragen die kalkulatorischen Zinsen für das Jahr daher: 12.000.000 € · 0,08 =			960.000 €

$$\text{Kalk. Zinsen} = \frac{\text{Anschaffungswert}}{2} \cdot i \qquad i = \text{Zinssatz in Dezimalform pro Jahr}$$

oder:

$$\text{Kalk. Zinsen} = \frac{\text{AW} + \text{Restwert (RW)}}{2} \cdot i$$

Wiederbeschaffungswert	= AW · Preissteigerungsindex
Preissteigerungsindex	$= \dfrac{\text{Preisindex im Jahr der Wiederbeschaffung}}{\text{Preisindex im Jahr der Anschaffung}}$

→ Übungen, S. 95 ff.

13 Kapazität, Beschäftigungsgrad, Nutzkosten, Leerkosten

$$\text{Beschäftigungsgrad}_{\text{kritisch}} = \frac{\text{Kritische Menge}}{\text{Kapazitätsgrenze}}$$

$$\text{Auslastungsgrad} = \frac{\text{Kapazitätsbedarf}}{\text{Kapazitätsbestand}} \cdot 100$$

auch:

$$\text{Beschäftigungsgrad} = \frac{\text{eingesetzte Kapazität}}{\text{vorhandene Kapazität}} \cdot 100$$

oder:

$$\text{Beschäftigungsgrad} = \frac{\text{Ist-Leistung}}{\text{Normal-Kapazität}} \cdot 100$$

oder bei Plankostenrechnung:

$$\text{Beschäftigungsgrad} = \frac{\text{Istbeschäftigung}}{\text{Planbeschäftigung}} \cdot 100$$

Dabei ist:

$$\text{Kapazitätsbedarf (Std.)} = \frac{\text{Zeit (Std.)}}{\text{Vorgang}} \cdot \text{Anzahl der Vorgänge}$$

$$\text{Kapazitätsbestand}_{\text{real}} = \frac{\text{Arbeitszeit (Std.)}}{\text{Tag}} \cdot \text{Anzahl Personen} \cdot \text{Anzahl Tage}$$

$$= \text{Kapazitätsbestand (theoretisch)} - \text{nicht nutzbare Kapazität}$$

$$\text{Planungsfaktor, P} = \frac{\text{Kapazitätsbestand (real)}}{\text{Kapazitätsbestand (theoretisch)}}$$

Deckungsbetrag	= Kapazitätsbestand (real) – Kapazitätsbedarf
Deckungsbetrag > 0	→ Überdeckung = Unterbelegung (zu geringe Auslastung)
Deckungsbetrag < 0	→ Unterdeckung = Überbelegung (Belegung > 100 %)
Deckungsbetrag = 0	→ Deckung = Belegung ist 100 %

Personalbedarf	=	$\dfrac{\text{Kapazitätsbedarf}}{\text{Kapazitätsbestand (real)/Person}}$

Nutzkosten	= Fixkosten · $\dfrac{\text{Beschäftigungsgrad (in \%)}}{100}$	Genutzter Teil der Kapazität
Leerkosten	= Fixkosten – Nutzkosten	Nicht genutzter Teil der Kapazität

14 Mischkosten (Kostenauflösung)

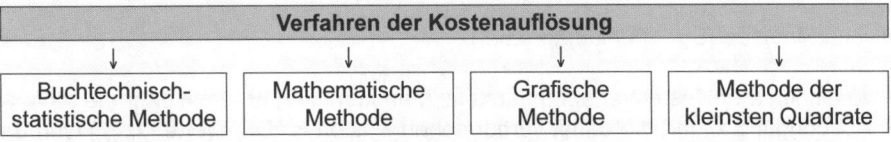

Verfahren der Kostenauflösung			
Buchtechnisch-statistische Methode	Mathematische Methode	Grafische Methode	Methode der kleinsten Quadrate

Buchtechnisch-statistisches Verfahren:

$$R = \frac{\text{Prozentuale Kostenänderung}}{\text{Prozentuale Beschäftigungsänderung}}$$

Je nach der Größe des **Reagibilitätsgrades (R)** lässt sich folgende Zuordnung vornehmen:

Variable Kosten:

Proportionaler Verlauf:	R = 1
Regressiver Verlauf:	R < 0
R = 0	→ Fixe Kosten

Degressiver Verlauf:	0 < R < 1
Progressiver Verlauf:	R > 1

Mathematisches Verfahren:

Die **Grenzkosten K´** zeigen an, um welchen Betrag die Kosten steigen (bzw. fallen), wenn die Leistungsmenge sich um eine Einheit verändert. Bei linearem Verlauf der Kostenkurve gilt der Differenzenquotient:

$$K´ = \frac{\text{Kostendifferenz}}{\text{Mengendifferenz}} = \frac{K_2 - K_1}{x_2 - x_1} = \frac{\Delta K}{\Delta x}$$

sog. **Differenzenquotient**

Bei linearem Verlauf der Gesamtkostenfunktion sind die Grenzkosten gleich den variablen Stückkosten.

$$k_v = \frac{K_2 - K_1}{x_2 - x_1}$$ sog. Differenzenquotient

Mithilfe dieser Aufspaltung in fixe und variable Kosten lässt sich die Kostenfunktion ableiten:

$$K = K_f + x \cdot k_v$$

→ Übung, S. 90 f.

Grafische Methode (Streupunktdiagramm)

Es wird ein linearer Kostenverlauf unterstellt: Man kumuliert über ein Jahr die monatliche Ausbringung x_i und die damit verbundenen Kosten K_i. Die Werte (x_i; K_i) werden in das Koordinatensystem eingetragen. Durch die „Punktwolke" wird freihändig eine Gerade so gezeichnet, dass möglichst kleine Abstände zwischen ihr und den realen Werten entstehen. Im Schnittpunkt der Geraden mit der Ordinate (Kostenachse) lassen sich die fixen Kosten pro Monat ablesen.

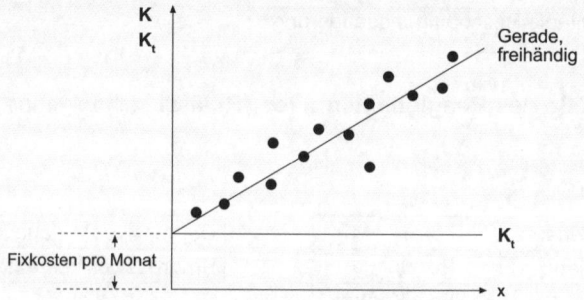

Die Fixkosten K_f ergeben sich als:

$$K_f = K - k_v \cdot x$$

Methode der kleinsten Quadrate, **Regressionsgerade**
→ Die Berechnung der Regressionsgerade wird – in anderem Zusammenhang – auf S. 180 f. dargestellt.

15 Verfahren zur Erfassung der Verbrauchsmengen

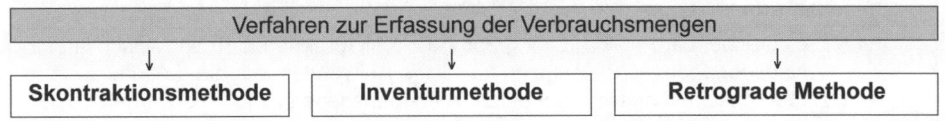

Verfahren zur Erfassung der Verbrauchsmengen		
↓	↓	↓
Skontraktionsmethode	Inventurmethode	Retrograde Methode

Skontraktions-methode	auch: Fortschreibungsmethode Alle Zu- und Abgänge werden fortlaufend erfasst und zwar in Lagerkarteien, auf Lagerbegleitkarten oder mithilfe der EDV. Die Verbrauchsmengen ergeben sich aus der Summe der Abgänge lt. Materialentnahmescheine. **Verbrauch = Summe der Abgänge** lt. Materialentnahmescheine. Der buchmäßige Endbestand ergibt sich als: **Endbestand = Anfangsbestand + Zugang – Abgang** Der buchmäßige Endbestand ist mit dem Ergebnis der Inventur zu vergleichen.
Inventur-methode	auch: Bestandsdifferenzrechnung, Befundrechnung Hierbei wird auf die laufende Erfassung der Zu- und Abgänge verzichtet. Der Lagerbestand wird mithilfe von körperlichen Inventuren ermittelt. Verbräuche können dann entsprechend errechnet werden. **Verbrauch = Anfangsbestand + Zugang – Endbestand**
Retrograde Methode	auch: Rückrechnung Hierbei wird der Verbrauch erst nach dem Produktionsprozess aus der tatsächlich hergestellten Stückzahl ermittelt. Von der Anzahl der hergestellten Erzeugnisse wird mithilfe von Stücklisten oder Rezepturen auf den Verbrauch geschlossen. **(Soll-)Verbrauch = Erzeugnismenge · (Soll-)Verbrauch je Einheit**

16 Bewertung des Materialverbrauchs

Die Bewertung des Materialverbrauchs kann erfolgen zu:

1.	Anschaffungskosten	
1.1	Die anrechenbare *Vorsteuer gehört nicht zu den Anschaffungskosten* (bei vorsteuerabzugsberechtigten Steuerpflichtigen). Diese Einzelbewertung bietet sich an, wenn die Materialien sofort verbraucht werden bzw. keinen Preissteigerungen unterliegen.	Laut § 255 Abs. 1 HGB gehören zu den Anschaffungskosten sämtliche Aufwendungen, die geleistet werden, um einen Vermögensgegenstand zu erwerben und ihn in einen betriebsbereiten Zustand zu versetzen:

	Anschaffungspreis
+	Anschaffungsnebenkosten (Frachten, Provisionen, Versicherungen, Montage)
–	Anschaffungspreisminderungen (Skonti, Rabatte, Boni, Preisnachlässe)
±	Nachträgliche Anschaffungskosten
=	**Anschaffungskosten**

1.2	**Sammelbewertungsverfahren**	Es werden zur Bewertung des Materialverbrauchs Durchschnittswerte verwendet, z. B.: - permanenter Durchschnitt (nach jedem Zugang wird der Durchschnittspreis ermittelt) - periodischer Durchschnitt (Mittelwert des gewogenen Preises des Anfangsbestandes und aller Zugänge einer Periode)
1.3	**Verbrauchsfolgeverfahren**	Es werden – je nach Verbrauchsfolge – fiktive Anschaffungspreise unterstellt. Bekannt sind u.a.: - Fifo: First in first out; die zuerst gekauften Materialien werden auch zuerst verbraucht. - Lifo: Last in first out; die zuletzt gekauften Materialien werden zuerst verbraucht. - Hifo: Highest in first out; die am teuersten gekauften Materialien werden zuerst verbraucht. - Lofo: Lowest in first out; die am billigsten gekauften Materialien werden zuerst verbraucht.
2.	**einem festen Verrechnungspreis**	Nach innerbetrieblichen Gesichtspunkten werden feste Verrechnungspreise gebildet, die für eine längere Zeit konstant bleiben. Damit sollen bewusst externe Preisschwankungen ausgeglichen werden (Kontinuität der Kostenrechnung). Verrechnungspreise haben besondere Bedeutung bei der Kuppelproduktion, der innerbetrieblichen Leistungsverrechnung (IBL) und der Abrechnung zwischen Konzernunternehmen.
3.	**dem erwarteten Wiederbeschaffungspreis.**	Mit diesem Wertansatz soll die Substanzerhaltung gesichert werden. Der Wiederbeschaffungswert kann allerdings nur geschätzt werden. Vereinfachend kann daher auch bei Materialzugängen der jeweils aktuelle Tageswert angesetzt werden.

17 (einfacher) Betriebsabrechnungsbogen (BAB), Struktur

Allgemeines Beispiel:

Gemein-kostenarten	Zahlen der Buchhaltung in €	Verteilungs-schlüssel	Kostenstellen			
			I	II	III	IV
			Material	Fertigung	Verwal-tung	Vertrieb
Hilfsstoffe	18.398	Mat.entn.scheine	1.850	16.350	0	198
Hilfslöhne	41.730	Lohnlisten	14.150	26.580	520	480
AfA	63.460	Anlagendatei	6.210	43.450	6.380	7.420
...	...			...	...	...	...
usw.	...		· ...	...	...	...
Summe	245.396	aufgeschlüsselt:	23.903	142.700	60.610	18.183

			MGK	FGK	VwGK	VtGK
MEK	217.300	Zuschlagsgrundlage:	MEK	FEK	HKU	
+ MGK	23.903		217.300	170.000	363.660	363.660
+ FEK	170.000	Zuschlagssätze:	11,00 %	83,94 %	16,67 %	5,00 %
+ FGK	142.700					
- BV	- 190.243					
= HKU	363.660					

→ Übungen, S. 85, 88 ff.

18 (erweiterter) Betriebsabrechnungsbogen (BAB), Struktur

Mehrstufiger BAB								
Gemein-kosten	Zahlen der KLR	Allge-meine Kosten-stelle	Hilfs-kosten-stelle	Material	Fertigungsstellen		Verwaltung	Vertrieb
					A	B		
GKM	50.000	3.125	9.375	–	25.000	12.500	–	–
Gehälter	200.000	16.000	32.000	16.000	24.000	24.000	64.000	24.000
Sozial-kosten	45.000	3.600	7.200	3.600	5.400	5.400	14.400	5.400
Steuer	60.000	5.000	10.000	5.000	15.000	10.000	10.000	5.000
AfA	160.000	12.800	25.600	12.800	38.400	44.800	19.200	6.400
Summe	515.000	40.525	84.175					
Umlage der Allg. Kostenstelle		4.863	6.484	12.157,50	8.105	4.863	4.052,50	
Summe			89.038					
Umlage der Fertigungshilfsstelle					53.422,80	35.615,20		
Summe				43.884,00	173.380,30	140.420,20	112.463,00	44.852,50

19 Ermittlung der Ist-Zuschlagssätze aus dem BAB

Bei der differenzierten Zuschlagskalkulation (auch: selektive Zuschlagskalkulation) werden die Gemeinkosten nach Bereichen getrennt erfasst und die Zuschlagssätze differenziert ermittelt:

Materialgemeinkostenzuschlag	= Materialgemeinkosten · 100 : Materialeinzelkosten
MGKZ	= MGK · 100 : MEK

Fertigungsgemeinkostenzuschlag	= Fertigungsgemeinkosten · 100 : Fertigungseinzelkosten
FGKZ	= FGK · 100 : FEK

Verwaltungsgem.kostenzuschlag	= Verwaltungsgem.kosten · 100 : Herstellkosten des Umsatzes
VwGKZ	= VwGK · 100 : HKU

Vertriebsgemeinkostenzuschlag	= Vertriebsgemeinkosten · 100 : Herstellkosten des Umsatzes
VtrGKZ	= VtrGK · 100 : HKU

Dabei sind die Herstellkosten des Umsatzes:

Materialeinzelkosten + Materialgemeinkosten + Fertigungseinzelkosten + Fertigungsgemeinkosten
= Herstellkosten der Erzeugung – Bestandsveränderungen (+ Minderbestand/– Mehrbestand)
= Herstellkosten des Umsatzes

Sind keine Bestandsveränderungen zu berücksichtigen – sind also alle in der Periode hergestellten Erzeugnisse verkauft worden – so gilt:

Herstellkosten der Erzeugung = Herstellkosten des Umsatzes

20 Innerbetriebliche Leistungsver-rechnung (IBL)

Innerbetriebliche Leistungsverrechnung (IBL)	
↓	↓
1. Einseitige Leistungsverrechnung	**2. Gegenseitige Leistungsverrechnung**
- Kostenartenverfahren - Kostenstellenumlageverfahren - Kostenstellenausgleichsverfahren - Kostenträgerverfahren	- Verrechnungspreisverfahren - Mathematisches Verfahren

Kostenarten-verfahren	Das Verfahren ist einfach aber ungenau und nur anwendbar, wenn die innerbetrieblichen Leistungen in Hauptkostenstellen erbracht werden: Nur die Einzelkosten der Eigenleistungen werden erfasst und auf die leistungsempfangenden Kostenstellen als Gemeinkosten verrechnet. Die Gemeinkosten der leistenden Kostenstelle werden nicht weiterverrechnet, sondern verbleiben an diesen Stellen.
Kostenstellen umlagever-fahren	Im Gegensatz zum Kostenartenverfahren werden die gesamten primären Gemeinkosten der Hilfskostenstellen erfasst und als sekundäre Gemein-kosten auf die Hauptkostenstellen weiterverrechnet.
	Anbauverfahren: Hilfskostenstellen werden nur über die Hauptkostenstellen abgerechnet.
	Stufenleiterverfahren: Näherungsmethode zur schrittweisen Berechnung der innerbetrieblichen Verrechnungssätze. Dabei werden bei jeder abzurechnenden Hilfskosten-stelle die empfangenen Leistungen der Hilfskostenstellen, die noch nicht abgerechnet sind, vernachlässigt.
Kostenstellen ausgleichs-verfahren	Ebenso wie beim Kostenartenverfahren werden den leistungsempfan-genden Kostenstellen die Einzelkosten unmittelbar berechnet. Es werden allerdings auch die Gemeinkosten auf die empfangenen Kostenstellen verrechnet. Da diese aber schon in den Gemeinkosten der leistenden Stellen verbucht sind, müssen sie bei den leistenden Stellen abgesetzt (Gutschrift) und den empfangenden Stellen zugeschrieben (Belastung) werden.
Kostenträger-verfahren	Innerbetriebliche Leistungen werden als Kostenträger behandelt und wie Absatzleistungen abgerechnet. Die entstandenen Kosten werden, wenn die Leistungen in der gleichen Periode verbraucht werden, den empfan-genen Stellen belastet und den leistenden Stellen gutgeschrieben.

Das Beispiel eines BAB mit Stufenleiterverfahren ist auf der nächsten Seite dargestellt.

Erläuterungen zum Beispiel „Stufenleiterverfahren":	
Das Stufenleiterverfahren ist ein einfaches Abrechnungsverfahren und besteht in der Vorwärtsverrechnung aller Allgemeinen und Hilfskostenstellen unter Vernachlässigung der Rückverrechnungen. Nach jeder einzelnen Verrechnungsstufe ist eine Zwischensumme zu bilden. Da sich auf diese Art ein treppen- oder stufenartiges Rechenschema ergibt, spricht man auch von der so genannten Treppenumlage.	
Zeile 12	Im Beispiel gibt es die allgemeinen Kostenstellen Wache (Werkschutz), Kantine und Reparatur. Die Summe der direkt der Wache zugeordneten Kosten betragen 23.921,78 €. Diese Summe wird in Zeile 13 nach einem Verrechnungsschlüssel auf die anderen Kostenstellen übertragen. Dadurch wird die Wache abgerechnet.
Zeile 14	Die Kosten der Kantine betragen 18.738,46 €, zzgl. der von der Wache empfangenen Leistung im Wert von 498,37 €. Insgesamt ist die Kantine also 19.236,83 € wert. Diese Summe wird ebenfalls auf die nachfolgenden Kostenstellen verrechnet, aber nicht zurück an die Wache. Die Kosten der Leistung der Kantine an die Wache wird also vernachlässigt.
Zeile 16	Die Reparaturkostenstelle verursacht zunächst Kosten in Höhe von 13.534,01 €, zu denen aber noch 498,37 € Leistung der Wache und 739,88 € Leistung der Kantine hinzukommen. Insgesamt verrechnet die Reparatur also eine Kostensumme von 14.772,26 € auf den Rest des Betriebes. Rückverrechnungen, d.h., eine Leistung der Reparatur an die Wache und die Kantine oder eine Leistung der Kantine an die Wache, werden vernachlässigt. Das macht das Rechenverfahren einfach, aber ungenau.
Zeilen 3 bis 11	Die Summe der Gemeinkosten in Zeile 12 des Beispieles (GK 1) heißt **Primärgemeinkosten,** weil sie durch die Primärverrechnung in den Zeilen 3 bis 11 entstanden sind.
Zeilen 13, 15,17	Die in den Zeilen 13, 15 und 17 verrechneten Umlagen heißen auch **Sekundärgemeinkosten,** weil sie erst im Wege einer innerbetrieblichen Leistungsverrechnung den Kostenstellen zugeordnet worden sind.
Zeilen 18, 21	Die Gemeinkostensumme in Zeile 18 (GK 4) enthält die Summe aller Gemeinkosten der Hauptkostenstellen. In dieser Zeile kommen keine Allgemeinen oder Hilfskostenstellen mehr vor. Die Summe „GK 4" eignet sich also zur Anwendung der Zuschlagsformeln. Die Zuschlagssätze in Zeile 21 weisen also die zur Erzielung einer Vollkostendeckung erforderlichen Höhe auf. Auch in den Herstellkosten des Umsatzes sind die Sekundärgemeinkosten enthalten.

Nr.	Kostenart	Summe	Mengenverteilung							Allgemeine Kostenstellen				Hauptkostenstellen		
			W	K	R	H	P	V	V	Wache	Kantine	Reparatur	Hauptlager	Produktion	Verwaltung	Vertrieb
1	Fert.material	330.000											330.000			
2	Fert.löhne	150.000												150.000		
3	LohnGK	18.000	2	1	2	4	12	2	6	1.241,38	620,69	1.241,38	2.482,76	7.448,28	1.241,38	3.724,14
4	Sozialkosten	60.000	3	1	2	5	10	2	7	6.000,00	2.000,00	4.000,00	10.000,00	20.000,00	4.000,00	14.000,00
5	Instandhalt.	10.000	1	2	1	3	8	5	4	416,67	833,33	416,67	1.250,00	3.333,33	2.083,33	1.666,67
6	Energie	77.000	2	4	2	3	20	3	5	3.948,72	7.897,44	3.948,72	5.923,08	39.487,10	5.923,08	9.871,79
7	KFZ	65.000	8	0	1	12	2	15	22	8.666,67	0,00	1.083,33	13.000,00	2.166,67	16.250,00	23.833,33
8	Versicherung	35.000	2	3	1	32	15	4	10	1.044,78	1.567,16	522,39	16.716,42	7.835,82	2.089,55	5.223,88
9	Sonstiges	51.000	2	5	2	12	28	5	3	1.789,47	4.473,68	1.789,47	10.736,84	25.052,63	4.473,68	2.684,21
10	Kalk. AfA	22.000	2	3	1	14	42	10	6	564,10	846,15	282,05	3.948,72	11.846,15	2.820,51	1.692,31
11	Kalk. Zins	12.000	1	2	1	8	16	12	8	250,00	500,00	250,00	2.000,00	4.000,00	3.000,00	2.000,00
12	Summe GK 1	350.000,00								23.921,78	18.738,45	13.534,01	66.057,81	121.170,06	41.881,53	64.696,33
13	Uml. Wache	23.921,78		1	1	12	25	6	3		498,37	498,37	5.980,45	12.459,26	2.990,22	1.495,11
14	Summe GK 2	350.000,00									19.236,83	14.032,38	72.038,26	133.629,32	44.871,76	66.191,44
15	Uml. Kant.	19.236,83			2	8	32	2	8			739,88	2.959,51	11.838,05	739,88	2.959,51
16	Summe GK 3	350.000,00											74.997,77	145.467,37	45.611,64	69.150,96
17	Uml. Reparatur.	14.772,26				10	33	0	2			14.772,26	3.282,72	10.832,99	0,00	656,54
18	Summe GK 4	350.000,00											78.280,50	156.300,36	45.611,64	69.807,50
19	Gesamtkosten	830.000,00											408.280,50	306.300,36	45.611,64	69.807,50
20	HKU														740.580,86	
21	Ist-Zuschlagssätze												23,72 %	104,20 %	61,16 %	9,43 %

Informationen		Wert	Bestandsänderung
Lager Halb-produkte	AB	45.000,00	– 20.000,00
	SB	25.000,00	
Lager Fertig-produkte	AB	66.000,00	– 6.000,00
	SB	60.000,00	

2. *Gegenseitige Leistungsverrechnung (→ Übung, S. 86.):*

Verrechnungspreis-Verfahren:
Es werden im Voraus innerbetriebliche Verrechnungspreise gebildet, die dann für einen längeren Zeitraum gelten (fester Verrechnungspreis). Nachteil: Die Abrechnung führt auf den Hilfskostenstellen zu Kostenüber-/Kostenunterdeckungen. Die Festpreisbildung kann sich orientieren an Marktpreisen, Plankosten oder Normalkosten.

Mathematisches Verfahren (auch: Gleichungsverfahren):
Es wird ein Gleichungssystem aufgestellt. Für n verschiedene in den Leistungsaustausch einbezogene Kostenstellen soll z. B. folgendes Gleichungssystem gelten:

$$A_1x_1 = B_1 + a_{11}x_1 + a_{12}x_2 + ... + a_{1n}x_n$$

$$A_2x_2 = B_2 + a_{21}x_1 + a_{22}x_2 + ... + a_{2n}x_n$$

$$A_nx_n = B_n + a_{n1}x_1 + a_{n2}x_2 + ... + a_{nn}x_n$$

Dabei ist:
A_i Gesamtleistung der Kostenstelle i in Mengeneinheiten pro Abrechnungsperiode
B_i Primäre Kosten der Kostenstelle i
a_{ij} Leistung der Kostenstelle j an Kostenstelle i in Mengeneinheiten pro Abrechnungsperiode
x_i Verrechnungspreis pro Leistungseinheit der Kostenstelle i

A_i, B_i und a_{ij} müssen bekannt sein.

Iterationsverfahren:
Anstelle des Gleichungsverfahrens lässt sich auch das *Iterationsverfahren* einsetzen: Man wendet den Rechengang der Divisionskalkulation mehrfach auf die verflochtenen Kostenstellen an, bis der entstehende Fehlbetrag klein genug ist:

Beispiel (vereinfacht): Angenommen ein Kraftwerk gibt innerbetrieblich 200.000 kWh ab, davon 50 kWh an das Wasserwerk. Die anteilige Leistungsabgabe an das Wasserwerk beträgt also 50/200. Das Wasserwerk gibt insgesamt 40.000 cbm ab, davon 10 cbm an das Kraftwerk. Seine anteilige Leistungsabgabe beträgt also 10/40. Die umzulegenden Gemeinkosten beim Kraftwerk sind 3.000 €, die beim Wasserwerk sind 6.000 €.

	Kraftwerk	Wasserwerk
Gemein-kosten	3.000,00	6.000,00
Umlage	+1.790,00	**– 7.198,00**
	– 4.790,00	+1.198,00
Gemein-kosten	0,00	0,00

Kraftwerk	Leistungsabgabe	50/200 →		Wasserwerk
		← 10/40	Leistungsabgabe	
3.000,00 €	3.000 : 50/200 = 750		6.000 · 10/40 = 1.500	6.000,00 €
1.500,00 €	usw.		usw.	750,00 €
187,50 €				375,00 €
93,75 €				46,88 €
11,72 €				23,44 €
5,86 €				2,98 €
0,73 €				1,47 €
0,37 €				0,18 €
0,01 €				0,09 €
0,05 €				0,00 €
0,00 €				0,01 €
4.799,99 €				7.200,05 €

21 Kostenträgerstückrechnung (Kalkulationsverfahren)

→ Übung, S. 91 ff.

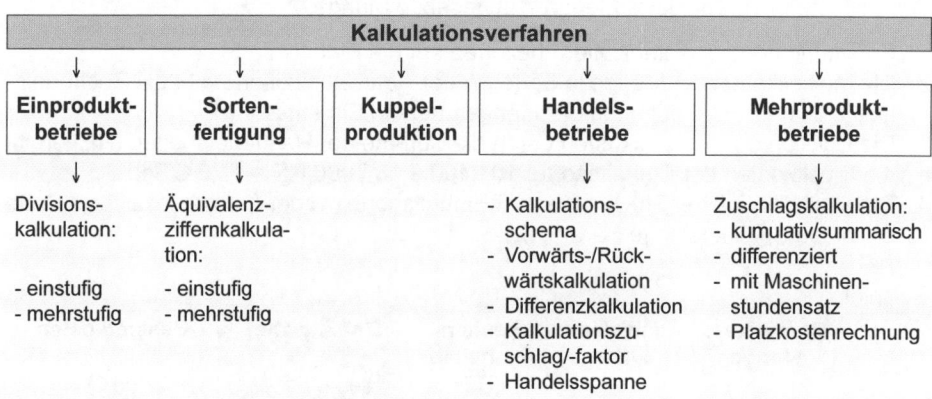

Kalkulationsverfahren

Einprodukt-betriebe	Sorten-fertigung	Kuppel-produktion	Handels-betriebe	Mehrprodukt-betriebe
Divisions-kalkulation: - einstufig - mehrstufig	Äquivalenz-ziffernkalkula-tion: - einstufig - mehrstufig		- Kalkulations-schema - Vorwärts-/Rück-wärtskalkulation - Differenzkalkulation - Kalkulationszu-schlag/-faktor - Handelsspanne	Zuschlagskalkulation: - kumulativ/summarisch - differenziert - mit Maschinen-stundensatz - Platzkostenrechnung

21.1 Einstufige Divisionskalkulation

$$\text{Stückkosten, } k \;=\; \frac{\text{Gesamtkosten}}{\text{Ausbringungsmenge}} \;=\; \frac{\text{Selbstkosten}}{\text{hergestellte Einheiten}} \quad \frac{K}{x} \; €/\text{Stk.}$$

Anwendung: 1-Produktunternehmen mit Massenfertigung ohne Kostenstellen, ohne Aufteilung in Einzel- und Gemeinkosten.

21.2 Mehrstufige Divisionskalkulation

Stückkosten	$= \dfrac{\text{Herstellkosten}}{\text{produzierte Menge}} + \dfrac{\text{Vertriebs- und Verwaltungskosten}}{\text{abgesetzte Menge}}$
	$= \dfrac{K_H}{x_P} + \dfrac{K_{Vertr.} + K_{Verw.}}{x_A}$

Bei n-stufiger Fertigung:

Stückkosten	$= \dfrac{K_{H1}}{x_{P1}} + \dfrac{K_{H2}}{x_{P2}} + \dfrac{K_{Hn}}{x_{Pn}} + \dfrac{K_{Vertr.} + K_{Verw.}}{x_A}$

Anwendung: 1-Produktunternehmen mit mehreren Produktionsstufen; Berücksichtigung von Bestandsveränderungen.

21.3 Divisionskalkulation mit Äquivalenzziffern

Voraussetzung: produzierte Menge = abgesetzte Menge; $x_P = x_A$

1. Ermittlung der Äquivalenzziffern bezogen auf die Einheitssorte.
2. Die Multiplikation der Menge je Sorte mit der Äquivalenzziffer ergibt die Recheneinheit je Sorte (= Umrechnung der Mengen auf die Einheitssorte).
3. Die Division der Gesamtkosten durch die Summe der Recheneinheiten (RE) ergibt die Stückkosten der Einheitssorte: 104.400 € : 87.000 RE = 1,20 €/Stk.
4. Die Multiplikation der Stückkosten der Einheitssorte mit der Äquivalenzziffer je Sorte ergibt die Stückkosten je Sorte: 1,20 · 1,4 = 1,68

Beispiel:

Sorte	Produzierte Menge (in Stk.)	Äquivalenz-ziffer	Rechen-einheiten (RE)	Stückkosten (in €/Stk.)	Gesamtkosten (in €)
	(1)	*(2)*	*(3)*	*(4)*	*(5)*
A	30.000	1,0	30.000	**1,20**	36.000
B	15.000	1,4	21.000	1,68	25.200
C	20.000	1,8	36.000	2,16	43.200
$\sum$			87.000		104.400

Recheneinheit	$= \dfrac{\text{Gesamtkosten}}{\sum \text{Recheneinheiten}} = 1{,}2$

21.4 Kuppelproduktion

In der Praxis werden vor allem zwei Methoden eingesetzt:

Restwert-methode ↓ Durchschnitts-prinzip	auch: Subtraktionsmethode
	Sie wird dann eingesetzt, wenn man die unterschiedlichen Kuppelprodukte in ein Hauptprodukt und ein oder mehrere Nebenprodukte unterteilen kann. Die Erlöse der Nebenprodukte (evt. gemindert um Entsorgungs-/Weiterverarbeitungskosten) werden von den Gesamtkosten des Kuppelprozesses subtrahiert und die sich ergebenden Restkosten durch die Menge des Hauptproduktes dividiert.
	$$\text{Kosten pro E des Hauptprodukts} = \frac{\text{Gesamtkosten} - \text{Erlöse der Nebenprodukte}}{\text{Produktionsmenge des Hauptprodukts}}$$

→ Übung, S. 101

Verteilungs-rechnung ↓ Tragfähig-keitsprinzip	auch: Marktpreismethode
	Sie wird dann eingesetzt, wenn man nicht eindeutig in Haupt- und Nebenprodukte unterscheiden kann. Man ermittelt Äquivalenzziffern, die das Verhältnis der Kostenverteilung auf die Kuppelprodukte wiedergeben. Das rechnerische Verfahren ist analog zur Äquivalenzziffernkalkulation bei der Sortenfertigung. Es besteht jedoch vom Ansatz her ein wesentlicher Unterschied: Bei der Sortenkalkulation sind die Äquivalenzziffern Maßstäbe der Kostenverursachung der einzelnen Sorten; bei der Kuppelkalkulation sind sie dagegen Maßstäbe der Kostentragfähigkeit.
	Als Äquivalenzziffern werden z. B. Marktpreise, Heizwerte oder andere technische Größen genommen, die in etwa die marktmäßige Verwertbarkeit der Kuppelprodukte widerspiegeln.

21.5 Handel (differenzierte Zuschlagskalkulation)

Handelskalkulation	Vorwärts-kalkulation		Differenz-kalkulation		Rückwärts-kalkulation	
Listeneinkaufspreis						
– Lieferer-Rabatt						
= Zieleinkaufspreis						
– Lieferer-Skonto						
= Bareinkaufspreis						
+ Bezugskosten						
= Bezugspreis						
+ Handlungskosten						
= Selbstkostenpreis						
+ Gewinn						
= Barverkaufspreis						
+ Kundenskonto						
+ Vertreterprovision						
= Zielverkaufspreis						
+ Kundenrabatt						
= Listenverkaufspreis						

21.6 Handel (summarische Zuschlagskalkulation)

	Einstandspreis
+	Handlungskostenzuschlag
=	Selbstkosten

21.7 Handel (Kalkulation mit Handelsspanne und Kalkulationszuschlag)

Im Großhandel: Der *Kalkulationszuschlag* (in %) ist die Differenz zwischen Nettoverkaufspreis (= Netto VP) und Bezugspreis (= BP) in Prozent vom Bezugspreis. Man bezieht sich auf den *Nettoverkaufspreis* wegen des getrennten Umsatzsteuerausweises.

$$\text{Handelsspanne} = \frac{(\text{Nettoverkaufspreis} - \text{Bezugspreis}) \cdot 100}{\text{Nettoverkaufspreis}}$$

$$\text{Kalkulationszuschlag} = \frac{(\text{Nettoverkaufspreis} - \text{Bezugspreis}) \cdot 100}{\text{Bezugspreis}}$$

$$\text{Kalkulationsfaktor} = 1 + \frac{(\text{Nettoverkaufspreis} - \text{Bezugspreis})}{\text{Bezugspreis}}$$

Im Großhandel besteht zwischen der Handelsspanne, dem Kalkulationszuschlag und dem Kalkulationsfaktor folgender Zusammenhang:

$$\text{Handelsspanne} = \frac{\text{Kalkulationszuschlag}}{\text{Kalkulationsfaktor}}$$

Im Einzelhandel: Hier ist der Verkaufspreis immer einschließlich der Umsatzsteuer anzugeben; als Berechnungsgröße ist daher der Bruttoverkaufspreis heranzuziehen:

$$\text{Kalkulationszuschlag} = \frac{(\text{Bruttoverkaufspreis} - \text{Bezugspreis}) \cdot 100}{\text{Bezugspreis}}$$

$$\text{Kalkulationsfaktor} = 1 + \frac{(\text{Bruttoverkaufspreis} - \text{Bezugspreis})}{\text{Bezugspreis}}$$

$$= 1 + \text{Kalkulationszuschlag}$$

21.8 Handel (Bezugspreiskalkulation, Angebots-kalkulation)

Bezugspreiskalkulation		Angebotskalkulation	
	Einkaufspreis		Bezugspreis
–	Lieferrabatt	+	Handlungskosten
=	Zieleinkaufspreis	=	Selbstkosten
–	Liefererskonto	+	Gewinn
=	Bareinkaufspreis	=	Barverkaufspreis
+	Bezugskosten	+	Kundenskonto
=	Einstandspreis (Bezugspreis)	+	Vertreterprovision
		=	Zielverkaufspreis
		+	Kundenrabatt
		=	Listenpreis

21.9 Fertigungsunternehmen (differenzierte Zuschlagskalkulation)

Differenzierte Zuschlagskalkulation				
Zeile		Kostenart	Ab-kür-zung	Berechnung (Z = Zeile)
1		Materialeinzelkosten	MEK	direkt
2	+	Materialgemeinkosten	MGK	Z 1 · MGK-Zuschlag
3	=	Materialkosten	MK	Z 1 + Z 2
4		Fertigungseinzelkosten	FEK	direkt
5	+	Fertigungsgemeinkosten	FGK	Z 4 · FGK-Zuschlag
6	+	Sondereinzelkosten der Fertigung	SEKF	direkt
7	=	Fertigungskosten	FK	∑ Z 4 bis 6
8	=	Herstellkosten der Fertigung/Erzeugung	HKF	Z 3 + Z 7
9	–	Bestandsmehrung, fertige/unfertige Erzeugnisse	BV+	direkt
10	+	Bestandsminderung, fertige/unfertige Erzeugnisse	BV–	direkt
11	=	Herstellkosten des Umsatzes	HKU	∑ Z 8 bis 10
12	+	Verwaltungsgemeinkosten	VwGK	Z 11 · VwGK-Zuschlag
13	+	Vertriebsgemeinkosten	VtrGK	Z 11 · VtrGK-Zuschlag
14	+	Sondereinzelkosten des Vertriebs	SEKV	direkt
15	=	Selbstkosten des Umsatzes	SKU	∑ Z 11 bis 14

21.10 Fertigungsunternehmen (Kalkulation mit Maschinenstundensätzen)

$$\text{Maschinenstundensatz} = \frac{\text{maschinenabhängige Fertigungsgemeinkosten}}{\text{Maschinenlaufstunden}}$$

Merke:
Bei steigenden Maschinenlaufstunden sinkt der Maschinenstundensatz.

	Fertigungslöhne	
+	Restgemeinkosten	(in Prozent der Fertigungslöhne)
+	Maschinenkosten	(Laufzeit des Auftrages · Maschinenstundensatz)
=	Fertigungskosten	

Beispiele für maschinenabhängige Fertigungsgemeinkosten:

fixe/variable Kosten:	Kostenart:	Berechnung:
fix: → lineare AfA variabel: → AfA nach Leis- tungseinheiten	**Kalkulatorische Abschreibung** pro Jahr (AfA; Absetzung für Abnutzung)	$= \dfrac{\text{Wiederbeschaffungswert}^{1)} - \text{Restwert}}{\text{Nutzungsdauer (in Jahren)}}$ $= \dfrac{\text{Anschaffungswert} \cdot \text{Jahresleistung}}{\text{geschätzte Gesamtleistung}}$
fix	**Kalkulatorische Zinsen** p. a.	$= \dfrac{\text{Anschaffungswert} + \text{Restwert}}{2} \cdot \dfrac{\text{Zinssatz}}{100}$
meist variabel oder gemischt	Energiekosten p. a.	$=$ Grundkosten + Verbrauchskosten $=$ Grundkosten + Verbrauch $\cdot$ Energietarif (€/kWh)
fix	Raumkosten p. a.	$=$ Monatsmiete (€/m²) $\cdot$ 12
fix: → bei Wartungsver- trag variabel: → bei IH nach Auf- wand	Instandhaltungs- kosten p. a.	$= \text{AW} \cdot \dfrac{\text{Instandhaltungskostensatz (\%/p. a.)}}{100}$
fix	Werkzeugkosten	meist als fester Wert p. a. vorgegeben

[1] Auch Anschaffungswert, falls Wiederbeschaffungswert nicht bekannt.

$$\text{Minutensatz} = \dfrac{\text{Maschinenstundensatz €/Std.}}{60 \text{ min/Std.}}$$

Für die auftragsbezogenen Maschinenkosten gilt:

$$\text{Maschinenkosten}_{\text{Auftrag}} = \text{Minutensatz} \cdot \text{Belegungszeit}$$

22 Kostenträgerzeitrechnung (Kurzfristige Erfolgsrechnung; KER)

Kostenträgerzeitrechnung – Verfahren	
↓	↓

Gesamtkostenverfahren HGB § 275 Abs. 2		**Umsatzkostenverfahren** HGB § 275 Abs. 3	
	Umsatzerlöse		Umsatzerlöse
±	Bestandsveränderungen zu Herstellkosten	–	Herstellkosten der zur Erzielung der Umsatzerlöse erbrachten Leistungen
–	Kosten (gesamte primäre Kosten)	–	Vertriebskosten und Verwaltungsgemeinkosten
=	Betriebsergebnis	=	Betriebsergebnis

Merke:	Umsatzergebnis **+** Kosten**überdeckung** lt. BAB	= Betriebsergebnis
	Umsatzergebnis **–** Kosten**unterdeckung** lt. BAB	

22.1 Handel

Selbstkosten des Auftrags		oder:	**Umsatzerlöse**	
	Warenkosten		–	Wareneinsatz
+	auftragsvariable Kosten		=	**Rohertrag**
+	auftragsfixe Kosten		–	Personalkosten
+	Bestandsminderung		–	Kalk. Unternehmerlohn
–	Bestandsmehrung		–	Miete
=	Selbstkosten des Auftrags		–	Steuern, Beiträge
	Umsatzerlöse		–	Kalk. Zinsen
–	Selbstkosten des Auftrags		–	Werbungskosten
=	**Betriebsergebnis**		–	Verkaufsprovision
			–	Kosten des Fuhrparks
			–	Allgem. Verwaltungskosten
			–	Kalk. AfA
			=	**Betriebsgewinn/-verlust**

22.2 Fertigungsunternehmen

Herstellkosten des Umsatzes	
Materialeinzelkosten	
+ Materialgemeinkosten	= Materialkosten
Fertigungseinzelkosten	
+ Fertigungsgemeinkosten	
+ Sondereinzelkosten der Fertigung	= Fertigungskosten
Summe	= Herstellkosten der Fertigung
– Bestandsmehrung	
+ Bestandsminderung	= Herstellkosten des Umsatzes
+ Verwaltungsgemeinkosten	
+ Vertriebsgemeinkosten	
+ Sondereinzelkosten des Vertriebs	= Selbstkosten des Umsatzes
Erlöse	
– Selbstkosten des Umsatzes	
= **Betriebsergebnis**	

22.3 Artikelerfolgsrechnung

Als Artikelerfolgsrechnung (auch: Artikelergebnisrechnung) bezeichnet man ein Verfahren, in dem die Vollkosten oder Teilkosten der abgesetzten Produkte den für diese erzielten Nettoerlösen gegenübergestellt werden.

Artikelerfolgsrechnung, auf Vollkostenbasis (in €)				
		Produkt 1	Produkt 2	Produkt 3	$\sum$
Erlöse		33.400	16.500	13.600	63.500
./. Materialkosten		13.400	4.500	5.800	23.700
./. Personalkosten	./. Selbstkosten	6.500	4.800	2.500	13.800
./. Sonstige Kosten		11.200	6.200	4.800	22.200
= Gewinn/Verlust		2.300	1.000	500	3.800
Betriebsergebnis		3.800			

Artikelerfolgsrechnung, auf Teilkostenbasis (in €)				
	Produkt 1	Produkt 2	Produkt 3	$\sum$
Erlöse	33.400	16.500	13.600	63.500
./. variable Kosten, K_v	25.000	9.600	8.100	42.700
= DB pro Produkt	8.400	6.900	5.500	20.800
Summe DB	20.800			
./. Fixe Kosten	17.000			
Betriebsergebnis	3.800			

23 Kennzahlen für Steuerungszwecke

23.1 Wirtschaftlichkeit, Umsatzrendite

$$\text{Wirtschaftlichkeit} = \frac{\text{Leistungen}}{\text{Kosten}} = \frac{\text{Nettoumsatzerlöse}}{\text{Selbstkosten}}$$

z. B. bei Produkt 1:

$$= \frac{302.000,00}{249.934,40} = 1,208$$

$$\text{Umsatzrendite} = \frac{\text{Gewinn} \cdot 100}{\text{Umsatz}} = \frac{\text{Umsatzergebnis} \cdot 100}{\text{Nettoumsatzerlöse}}$$

z. B. bei Produkt 1:

$$= \frac{52.065,60 \cdot 100}{302.000,00} = 17,24 \ \%$$

→ Übung, S. 103.

23.2 Break-even-Analyse (1-Produktunternehmen)

Break-even-Analyse	
Zielsetzung: ↓ **Ermittlung der Gewinnschwelle**	Zielsetzung: ↓ **Planung des Gewinns**

Da im Break-even-Punkt G = 0 und U = K ist, gilt:

$$K_f = x \ (p - k_v).$$

$$DB = x \cdot db$$

(1) Die *kritische Menge* x* ist daher:

x^*	$= \dfrac{K_f}{p - k_v}$	$= \dfrac{K_f}{db}$	$= \dfrac{\text{Fixkosten}}{\text{Deckungsbeitrag pro Stück}}$

$$G = U - K_f - x \cdot k_v = x \cdot p - K_f - x \cdot k_v$$

(2) *Planung des Gewinns* (G*) mithilfe der Break-even-Analyse:

G	$= U - K_f - x \cdot k_v$	$= x \cdot p - K_f - x \cdot k_v$
x^*	$= \dfrac{K_f + G^*}{db}$	

Weiterhin gilt:

(3) *Kritischer Erlös* U*:   (4) *Kritischer Beschäftigungsgrad B** in Prozent:

U^*	$= \dfrac{K_f}{DB} \cdot U$		B^*	$= \dfrac{K_f}{DB} \cdot 100$
U^*	$= x^* \cdot p$		B^*	$= \dfrac{\text{Kritische Menge}}{\text{Kapazitätsgrenze}} \cdot 100$

(5) *Deckungsgrad in* Prozent:

Deckungsgrad	$= \dfrac{DB}{U} \cdot 100$

23.3 Gewinnschwelle (2-Produktunternehmen)

Merke:
Bei einem Zwei-Produkt-Unternehmen liegt die kritische Absatzmenge auf einer Geraden bzw. sie besteht aus unendlich vielen Punkten. Diese Punkte sind eine Linearkombination der mit ihren Stückdeckungsbeiträgen gewichteten Produktmengen:

$$K_f = db_1 \cdot x_1 + db_2 \cdot x_2$$

Grafische Lösung der Gewinnschwelle:

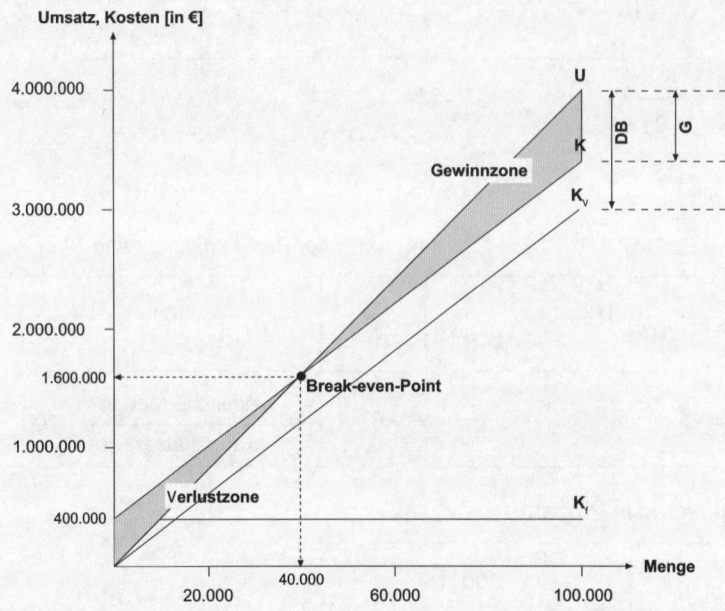

24 Deckungsbeitragsrechnung (DB-Rechnung; Teilkostenrechnung)

Deckungsbeitrag	= Umsatzerlöse – variable Kosten
DB	$= x \cdot p - K_v$
	$= x \cdot p - x \cdot k_v$
	$= x \, (p - k_v)$
	$= x \cdot db$

24.1 DB-Rechnung als Periodenrechnung und als Stückrechnung

DB-Periodenrechnung
$DB = U - K_v$
$DB = G + K_f$
$G = DB - K_f$

DB-Stückrechnung
$db = p - k_v$
$db = g + k_f$
$g = db - k_f$
$k = \dfrac{K_f}{x} + k_v$

24.2 Deckungsbeitragssatz

Der Deckungsbeitragssatz zeigt, wie viel Prozent des Marktpreises eines Produktes zur Deckung der Fixkosten verbleiben. Der Deckungsbeitragssatz kann z. B. für preispolitische Überlegungen herangezogen werden.

$$\text{Deckungsbeitragssatz} = \frac{\text{Stückdeckungsbeitrag} \cdot 100}{\text{Preis}} = \frac{db \cdot 100}{p}$$

24.3 Sicherheitsgrad

Setzt man den Gesamtdeckungsbeitrag in Relation zu den Fixkosten, so erhält man den Sicherheitsgrad (SG). Er zeigt an, wie viel Prozent nach Abzug der variablen Kosten zur Deckung der fixen Kosten verbleiben.

$$\text{Sicherheitsgrad} = \frac{\text{Gesamtdeckungsbeitrag} \cdot 100}{\text{Fixkosten}} = \frac{DB \cdot 100}{K_f}$$

Der Sicherheitsgrad ist aussagekräftiger als der Deckungsbeitragssatz.

24.4 DB-Rechnung im Handel

	Nettoverkaufspreis
–	Kundenrabatt
=	Zielverkaufspreis
–	Kundenskonto
=	Barverkaufspreis
–	variable Kosten
=	Deckungsbeitrag (DB)
–	fixe Kosten
=	Gewinn

oder:

	Deckungsbeitrag (DB)
+	variable Kosten
=	Barverkaufspreis
+	Kundenskonto
+	Vertreterprovision
=	Zielverkaufspreis
+	Kundenrabatt
=	Nettoverkaufspreis

Warengruppe 1	
	Nettoverkaufspreis
–	Kundenrabatt
=	Zielverkaufspreis
–	Kundenskonto
=	Barverkaufspreis
–	variable Kosten
=	Deckungsbeitrag 1

Warengruppe 2	
	Nettoverkaufspreis
–	Kundenrabatt
=	Zielverkaufspreis
–	Kundenskonto
=	Barverkaufspreis
–	variable Kosten
=	Deckungsbeitrag 2

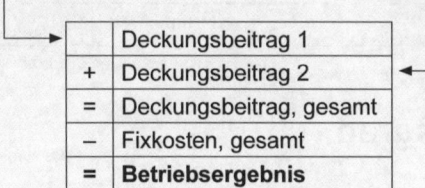

	Deckungsbeitrag 1
+	Deckungsbeitrag 2
=	Deckungsbeitrag, gesamt
–	Fixkosten, gesamt
=	**Betriebsergebnis**

24.5 Preisuntergrenzen (PUG)

Kurzfristige Preisuntergrenze bei Unterbeschäftigung ohne Engpass	Kurzfristig müssen mindestens die variablen Kosten (K_v) eines Produkts über seinen Preis (p) gedeckt sein. Der Verkaufspreis entspricht also gerade den variablen Stückkosten. Es gilt: p_{min} = **variable Stückkosten = k_v**
Langfristige Preisuntergrenze	Langfristig müssen über den Preis (p) die variablen und die direkt zurechenbaren fixen Kosten (oder zumindest Teile der fixen Kosten) eines Produkts gedeckt sein. Es gilt: $p_{min} = k_v + K_f : x$ oder $p_{min} = k_v$ + **Teile von $K_f : x$**

→ Übungen, S. 125 ff.